分析化学
実技シリーズ

機器分析編●4

(公社)日本分析化学会【編】
編集委員／委員長　原口紘炁／石田英之・大谷　肇・鈴木孝治・関　宏子・渡會　仁

千葉光一・沖野晃俊・宮原秀一・大橋和夫
成川知弘・藤森英治・野呂純二・【著】

ICP発光分析

共立出版

「分析化学実技シリーズ」編集委員会

編集委員長　原口紘炁　名古屋大学名誉教授・理学博士

編集委員　石田英之　大阪大学特任教授・工学博士

大谷　肇　名古屋工業大学教授・工学博士

鈴木孝治　慶應義塾大学教授・工学博士

関　宏子　千葉大学分析センター特任准教授・薬学博士

渡會　仁　大阪大学名誉教授・理学博士

(50 音順)

分析化学実技シリーズ
刊行のことば

このたび「分析化学実技シリーズ」を（社）日本分析化学会編として刊行することを企画した．本シリーズは，機器分析編と応用分析編によって構成される全23巻の出版を予定している．その内容に関する編集方針は，機器分析編では個別の機器分析法についての基礎・原理・装置・分析操作・実施例に関する体系的な記述，そして応用分析編では幅広い分析対象ないしは分析試料についての総合的解析手法および実験データに関する平易な解説である．機器分析法を中心とする分析化学は現代社会において重要な役割を担っているが，一方産業界においては分析技術者の育成と分析技術の伝承・普及活動が課題となっている．そこで本シリーズでは，「わかりやすい」，「役に立つ」，「おもしろい」を編集方針として，次世代分析化学研究者・技術者の育成の一助とするとともに，他分野の研究者・技術者にも利用され，また講義や講習会のテキストとしても使用できる内容の書籍として出版することを目標にした．このような編集方針に基づく今回の出版事業の目的は，21世紀になって科学および社会における「分析化学」の役割と責任が益々大きくなりつつある現状を踏まえて，分析化学の基礎および応用にかかわる研究者・技術者集団である（社）日本分析化学会として，さらなる学問の振興，分析技術の開発，分析技術の継承を推進することである．

分析化学は物質に関する化学情報を得る基礎技術として発展してきた．すなわち，物質とその成分の定性分析・定量分析によって得られた物質の化学情報の蓄積として体系化された分析化学は，化学教育の基礎として重要であるために，分析化学実験とともに物質を取り扱う基本技術として大学低学年で最初に教えられることが多い．しかし，最近では多種・多様な分析機器が開発され，いわゆる「機器分析法」に基礎をおく機器分析化学ないしは計測化学が学問として体系化されつつある．その結果，機器分析法は理・工・農・薬・医に関連する理工系全分野の研究・技術開発の基盤技術，産業界における研究・製品・技術開発のツール，さらには製品の品質管理・安全保証の検査法として重要な役割を果たすようになっている．また，社会生活の安心・安全にかかわる環境・健康・食品などの研究，管理，検査においても，貴重な化学情報を提供する手段として大きな貢献をしている．さらには，グローバル経済の発展によって，資源，製品の商取引でも世界標準での品質保証が求められ，分析法の国際標準化が進みつつある．このように機器分析法および分析技術は科学・産業・生活・経済などあらゆる分野に浸透し，今後もその重要性は益々大きくなると考えられる．我が国では科学技術創造立国をめざす科学技術基本計画のもとに，経済の発展を支える「ものづくり」がナノテクノロジーを中心に進められている．この科学技術開発においても，その発展を支える先端的基盤技術開発が必要であるとして，現在，先端計測分析技術・機器開発事業が国家プロジェクトとして推進されている．

本シリーズの各巻が，多くの読者を得て，日常の研究・教育・技術開発の役に立ち，さらには我が国の科学技術イノベーションにも貢献できることを願っている．

「分析化学実技シリーズ」編集委員会

まえがき

誘導結合プラズマ発光分析法（ICP-AES）は，1964–65年にかけFasselら，およびGreenfieldらのグループによって時を同じくして発表された．1977年に筆者が東京大学理学部化学教室の不破敬一郎教授の研究室に大学院生として入学した当時には，ICP-AESの優れた分析特性が広く認識されるようになり，市販装置も供給されるようになっていた．その年，研究室に国産ICP-AES装置が導入され，また，米国Jarrell Ash社から多元素同時測定型ICP-AES装置が輸入されて，初めて見る最新鋭の分析装置を前に興奮したことを記憶している．ちなみに，筆者は当時もっとも高感度な分析装置であった黒鉛炉原子吸光法による分子吸収（Aluminum mono fluoride : AlFを代表とするハロゲン元素の分光分析）を修士課程の研究テーマとしていた．以来，ICPのプラズマ特性に関する研究，高感度に向けた研究開発，周辺機器を含む装置開発，試料導入や前処理に関する研究が弛むことなく進められた結果，発表から約50年を経た今日では，ICP-AESは同じICPをイオン化源とする質量分析法（ICP-MS）とともに，もっとも広く普及している元素分析法として，その確固たる地位を築いている．

現在，誘導結合プラズマ発光分光法（ICP-AES）は，製造・生産の高度化や管理，環境の保全，食の品質管理など日々の生活に密接に関連する分野において，高度な研究活動からJISや公定法に基づく日々の検査分析まで幅広いレベルで用いられている．これらを支える測定装置の進歩も著しく，マニュアルに従って分析条件を設定し，試料をセットしてパソコンから測定をスタートさせれば，瞬時に分析結果が表示される．ただ残念ながら，装置の進歩が進めば進むほどに，分析結果が得られるまでのプロセスはブラックボックスと化し，その中にある科学や技術に関して思いを巡らす機会は少なくなった．また，最近では，ICP-AES黎明期のキーワードであった「ICPの特徴はドーナツ構造にある」ということがあまり聞かれなくなり，ICPの構造や特徴を考えて測定する必要も感じられなくなっている．

そこで，本書においてはICP-AESの特徴を十分に理解して，その能力を余すことなく利用することができるように，ICP-AESを利用するうえで最も基礎となる情報を可能な限り盛り込むことを目標として編集した．Chapter 1とChapter 2ではさまざまなプラズマを比較することで，ICPの特性を基礎から解説し，Chapter 3では分光法の基本を通してICP発光分析装置を説明した．Chapter 4では測定波長を選択するための指針とともに分析上の課題にも言及し，Chapter 5ではさまざまな試料導入法をまとめた．そして，Chapter 6ではICP-AESで分析される代表的な試料を選び，それらの前処理技術について説明した．

広範な分野に普及して，元素分析法の主役となったICP-AESについて，本書によってあらためてその基礎を理解して，実際の分析においてその能力を十分に引き出して，よりよい分析に繋げていただきたいと願っている．

本書の著作にあたり株式会社島津製作所の舛田哲也氏，株式会社日立ハイテクサイエンスの並木健二氏，株式会社パーキンエルマージャパンの敷野修氏から貴重なご助言を頂き，また，共立出版編集部編集一課の酒井美幸氏には多大な協力を頂いた．最後に，執筆の機会をくださり，本書を査読いただいた原口紘炁先生，渡會　仁先生にお礼申し上げたい．

2013年7月

千葉光一

目　次

イラスト／いさかめぐみ

Chapter 1 序論

「観ると測るは科学の原点」という言葉があるように，分析化学は物質の本質を探る学問として化学の発展とともに歩んできた．古典的分析法と呼ばれる化学分析法は化学反応そのものを“芸術的”に適用し，元素や化合物のもつ特性を“極限”にまで利用して，目的元素を選択的に分離し，定性分析や定量分析を行っている．一方，近年においては機器分析が分光学や光学，電気・電子工学の技術的進歩に支えられて急速な発展を遂げた．機器分析法では，より高感度に，より選択的に，より微少量の試料を用いて，より数多くの元素を，より簡便で迅速に分析することを追求してきた．

1.1 元素分析

元素分析法のなかでも化学分析法である重量分析法（gravimetry），滴定分析法（titrimetry），電量分析法（coulometry）は，測定対象の質量や容量，電気量などの“量”を直接測定する分析法であり，「計量学的な特性をもち，その操作を完全に記述および理解でき，完全な不確かさの記述がSI単位に基づいて記載できる」方法として，原理的にはSI単位にトレーサブルな特性値を与えることができる一次標準測定法[1]として位置付けられている．

一方，物質の光学的あるいは電気的な特性を測定する機器分析法は，周辺技術の進歩とともに測定感度が飛躍的に向上し，化学分析法の検出下限を下回る微量分析を可能とした．なかでも原子スペクトル分析は1955年の原子吸光分析法（AAS）の開発[2]，1964～65年の誘導結合プラズマ発光分析法（ICP-AES）の開発[3,4]，さらには1980年の誘導結合プラズマ質量分析法（ICP-MS）の開発[5]により，目覚ましい発展を遂げた．検出下限はμg/mL（ppm）からng/mL（ppb），pg/mL（ppt）へと向上し，今日では元素によっては数十fg/mL（ppq）に迫るまでになっている．本書のテーマであるICP発光分析は数百μg/mL（ppm）からサブng/mL（ppb）の測定が可能であり，また同じくICPをイオン化源とするICP質量分析は数百ng/mL（ppb）からサブpg/mL（ppt）の定量が可能である．両者を補完的に利用することで，さまざまな試料の分析において，主成分元素や少量元素から超微量元素までの分析が可能である．

科学や技術の進展にともない，その基礎となる分析化学に対する要求はますます高度化しつつあるが，ICP-AESとICP-MSはそれらの要求に応え，最先端の元素分析を支える機器分析としてさまざまな分野で利用されている．

1.2 原子スペクトル分析

誘導結合プラズマ（Inductively Coupled Plasma；ICP）発光分析は1960年代半ばにGreenfield[3]とFassel[4]によって開発されて以来，プラズマの分析化学的特性に関する研究や装置の技術開発が進められ，また広範な分野での元素分析に応用されてきたことから，今日では最も広く普及した原子スペクトル分析法の一つとなっている．

原子スペクトル分析は，量子化されたエネルギー準位を有する原子の最外殻電子が準位間を遷移する場合に必要なエネルギーを測定することに基づく分析法である．電子が準位間を遷移する際には式（1.1）で示されるBohrの量子条件に相当するエネルギー，すなわち，このエネルギー領域では紫外・可視光が，吸収あるいは放出される．

$$E_n - E_m = h\nu_{mn} = \frac{hc}{\lambda_{nm}} \tag{1.1}$$

E_n，E_m：それぞれの準位のエネルギー

h：プランク定数

ν：電磁波の振動数

λ：電磁波の波長

電子のエネルギー準位は原子に固有であるため，原子によって吸収あるいは放出される光も原子に固有な波長（振動数）を持つことになり，原子スペクトルと呼ばれる．原子スペクトルの波長や強度を測定して元素の同定や定量を行う分析法を総称して「原子スペクトル分析」という．原子スペクトル分析にはその原理により3種類に分類される．

① 原子発光分析（Atomic Emission Spectrometry；AES）

② 原子吸光分析（Atomic Absorption Spectrometry；AAS）

③ 原子蛍光分析（Atomic Fluorescence Spectrometry；AFS）

なお，現在ではICPをイオン化源として質量分析を行う誘導結合プラズマ質量分析（ICP-MS）も原子スペクトル分析の範疇に入れて議論することもあるが，原理的には原子スペクトル分析ではないために，ここでの議論には含めない．

それぞれの分析法の測定原理を**図 1.1** に示す．原子発光分析は熱的に励起された原子やイオンが低いエネルギー準位に脱励起するさいに放出する光を測定する．原子は熱的に励起されるために励起過程での選択性はなく，熱媒体中のほとんどすべての元素がさまざまな励起準位に励起されて発光する．このため原子発光分析では複雑な発光スペクトルが得られることが多い．発光強度（I_E）は励起状態にある原子やイオンの数に比例し，その数は熱的な平衡に従って分布することから，元素の定量分析に適用することができる．原子吸光分析では，準位間のエネルギー差に相当する波長の光（強度 I_0）を照射した際に，低いエネルギー準位（通常は基底状態）にある原子がその入射光を吸収して励起状態に遷移するときの光の吸収量（透過光を I とすると，$\Delta I = I_0 - I$）を

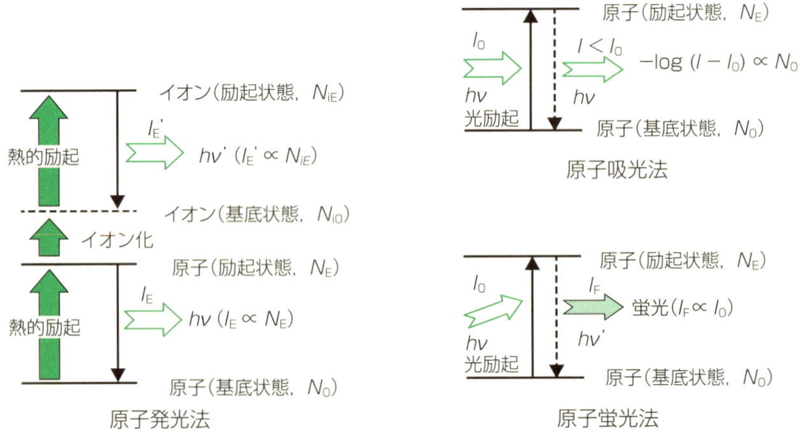

図 1.1 原子スペクトル分析の測定原理

測定する．一般に目的元素に吸収される波長の光を入射光として試料に照射することから，励起過程は元素選択的であり，さらにその透過光を測定するために測定されるスペクトルは単純なものになる．$\varDelta I$ は基底状態の原子の数に比例するので，定量分析へ適用することができる．原子蛍光分析は入射光（I_0）により光励起された原子が，再び低いエネルギー準位に脱励起するさいに放出する蛍光強度（I_F）を測定する．原子蛍光では励起光（$h\nu$）による選択的な励起と特定準位への脱励起による蛍光（$h\nu'$）の二段階の波長依存過程があるために選択性に優れている．また，蛍光強度が励起光強度に比例することから強力な光源があれば高感度分析が期待できる[6]．しかしながら，装置化が難しいこともあり，現在までのところ原子蛍光分析は水銀分析装置以外は実用化されていない．

原子スペクトル分析法では，試料中の測定対象元素を原子の状態まで解離（原子化）し，必要に応じてさらに励起するために，一般的には高温熱媒体が必要である．熱媒体には，化学炎，電気的加熱炉，プラズマ，グロー放電，スパーク放電，アーク放電，レーザなどが用いられる．代表的な高温熱媒体の温度を**表 1.1** にまとめた[7]．原子吸光分析には，一般に化学炎と電気的加熱炉（主に黒鉛炉）が用いられ，その温度は代表的な化学炎で 2200 K～3400 K 程度，また電気的加熱黒鉛炉で 3100 K 程度である．これらの温度は原子化源としては有効であるが，励起源としては可視領域に発光線をもつアルカリ，アルカリ土類元素を励起する程度でしかない．一方，プラズマや各種の放電はその温度が 5000 K～8000 K 程度あり，紫外領域に発光線をもつ金属元素の励起源として有効である．なかでも，アルゴン ICP は溶液試料の励起源として利用され，また，グロー放電，スパーク放電，アーク放電は固体試料の励起源として利用されている．本書のテーマである誘導結合プラズマ発光分析法（ICP-AES）はアルゴン ICP を励起源とする発光分析法であり，その汎用性から今日最も広く普及している原子スペクトル分析法である．

表 1.1 代表的な熱媒体の温度

熱媒体		温度（K）
化学炎		
アセチレン	空気	2600
アセチレン	一酸化二窒素	3100
アセチレン	酸素	3400
水素	空気	2300
水素	酸素	2900
プロパン	空気	2200
電気的加熱黒鉛炉		3100
アルゴン ICP		5000〜8000
スパーク放電		6500〜8000
アーク放電		5000〜6500

参考文献

1）久保田正明編：『標準物質ガイドブック』丸善（2009）.
2）A. Walsh: *Spectroshim. Acta*, **7**, 108（1955）.
3）S. Greenfield, L. L. Jones, C. T. Berry : *Analysit*, **89**, 713（1964）.
4）R. H. Wendt, V. A. Fassel: *Anal. Chem.*, **37**, 920（1965）.
5）R. S. Houk, V. A. Fassel, G. D. Flesch, H. J. Svec, A. L. Gray, C. E. Taylor: *Anal. Chem.*, **52**, 2283（1980）.
6）J. D. Winefordner, T. J. Vickers: *Anal. Chem.*, **36**, 161（1964）.
7）日本分析化学会編：『原子スペクトル分析』丸善（1975）.

Chapter 2

誘導結合プラズマの特性—その生成，構造と測定方法

プラズマ中に分析試料を導入すると光やイオンが発生するため，これを検出することで元素分析を行うことができる．この光やイオンは，単に高温プラズマの熱によって発生するのではなく，プラズマ中の複雑な原子・分子過程の結果として発生している．この過程やプラズマの特性を理解することで，たとえば分析装置の運転条件と分析結果の関係や，マトリックス効果などを理解することができる．そこで本章では，主にアルゴン誘導結合プラズマ中で生じている原子・分子過程やプラズマの諸特性について説明する．

2.1 プラズマとは

プラズマとは，「気体中の原子や分子が電離して，正イオンと電子がほぼ等量まざりあって存在し，平均的に電気的中性の状態を保っている状態である」と定義されている．このように聞くと，ほとんどの原子が電離されているように想像されるが，大気圧プラズマではその割合は意外に低く，分析用アルゴン誘導結合プラズマ（Inductively Coupled Plasma；ICP）の場合でも電離度は0.1%程度である．つまり，大多数のイオン化されていない粒子（中性粒子）の中にごく少数の正イオンと電子が含まれている状態である．

プラズマは，気体が満たされた空間に電界，光，熱，衝撃波など，高いエネルギーを集めれば生成できるが，工業的には放電を用いて生成するのが一般的である．放電によるプラズマ生成は，気体中に強い電界を印加し，絶縁破壊を生じさせることでプラズマを得る．二つの電極間に高電圧を印加して放電を行うことは容易であるため，プラズマプロセシング，プラズマディスプレイ，放電ランプなどの広い分野で使用されている．しかし，電極放電では高温高密度なプラズマが電極と接触するため，電極材料がプラズマ中に混入することが避けられない．このため，微量元素分析の分野では，ICPやマイクロ波誘導プラズマ（Microwave Induced Plasma；MIP）などの無電極放電が広く使用されている．次節で説明するが，ICPは放電管の周囲に配置した誘導コイルに高周波電流を流してプラズマを生成する．MIPでは数GHzのマイクロ波を用いるため，コイルではなく空胴共振器を使用し，空胴共振器内の強い電界が生成される部分に放電管を配置してプラズマを生成する．いずれの場合もプラズマは放電管内の空間に生成され，電極や放電管とプラズマが接触しないため，不純物の混入が少ない高純度なプラズマが生成できる．

2.1.1
誘導結合プラズマ（ICP）[1-5)]

図 2.1 のような同軸状のガラス管の周囲に誘導コイルを配置する．コイルに高周波電流が流れると，**図 2.1** に示すようにガラス管内を軸方向に通る磁力線が生じ，電磁誘導によって，この高周波磁界の時間的な変化に比例した電界が発生する．トーチ内にたまたま存在した電子，もしくは外部の高電圧発生器（イグナイター）により発生した火花放電などから供給される電子がこの電界によって加速される．加速された電子は周囲の気体と衝突してそれらをイオンと電子に電離し，これが増加するとプラズマが生成され，渦電流が流れて高温高密度のプラズマが維持される．通常，プラズマを高温にすると電流路が細くなって高温プラズマ領域も細くなるため，分析試料の導入も難しくなるが，誘導結合プラズマではドーナツ状のプラズマが生成されるため，分析試料をドーナツの穴の部分に導入することができ，周囲の高温高密度プラズマで有効に励起・イオン化することが可能である．

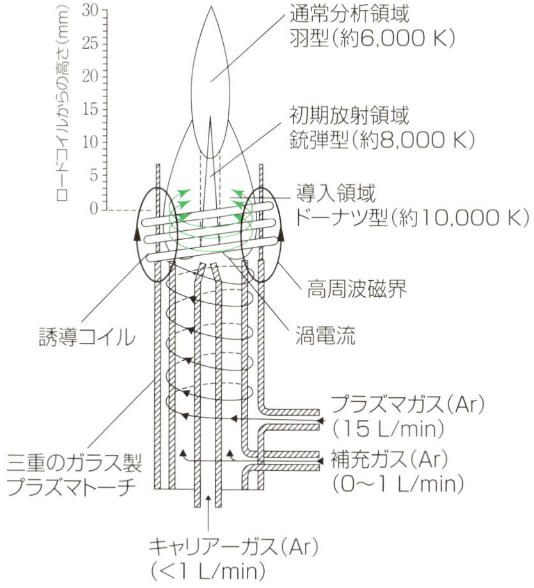

図 2.1　プラズマトーチと ICP の生成

2.1.2
高周波電源

ICP では，誘導コイルに高周波電力を供給する．高周波電源は，50 もしくは 60 Hz の商用電源を，数 MHz の高周波電力に変換するための装置であり，各 ICP 分析装置製造メーカーはおのおのの特徴を持った高周波電源を使用している．ICP 用の高周波電源には大きく分けて自励発振式と水晶発振方式の二つの形態が存在する．

自励発振式は，プラズマ，誘導コイル，内部回路の定数，すなわち，容量成分（コンデンサ），誘導成分（コイル），抵抗成分（抵抗器）から以下の式で決まる固有の共振周波数の高周波電力を増幅するだけの単純な原理であるため，水晶発振方式に比べて安価に製作できる．

$$f_0=\frac{\omega_0}{2\pi}=\frac{1}{2\pi\sqrt{LC}} \tag{2.1}$$

ここで，f_0 は電磁波の周波数，ω_0 は電磁波の角周波数，L はコイルのインダクタンス，C はコンデンサの容量．

また，プラズマや誘導コイルが周波数を決める素子として機能しているため，温度や密度などのプラズマの状態が変化した場合，周波数が自動的に変化することで常に最適な電力供給が行われるため，プラズマの消滅などの問題が発生しにくいという長所を持つ．一方で，周波数が変化するため，日本では電波法により電波の漏洩が許可されている周波数帯（産業科学医療用周波数帯，Industry Science Medical Frequency Band：ISM Band）から外れる恐れもあるため，適切に高周波の漏洩防止を行わなければならない．

一方，水晶発振方式では，水晶の圧電現象を利用して，特定周波数の高周波信号を作り，この周波数の高周波電力だけを増幅して出力する構造を持つ．この方式では発振周波数が変化しないため，産業科学医療用周波数帯（ISM バンド）から外れる恐れがない．しかし，プラズマや誘導コイルが周波数を決定する定数として作用しないため，高周波電源と誘導コイルの間に高周波の整合回路が必要である．プラズマの生成条件が急激に変化したとき，たとえば大量の溶液試料がプラズマ中に導入された場合，インピーダンスの急激な変化に高周波整合が追従できず，プラズマが消滅する場合がある．

最近では自励発振方式と水晶発振式の優れたところを足し合わせた電源，すなわち，水晶発振方式高周波電源に周波数可変システムを付加し，プラズマの生成条件の変化を感知して発振周波数を高速に変化させることで急激なインピーダンスの変化に対応できる高周波電源を搭載した装置も市販されている．

2.1.3 高周波整合器

一般的に，高周波電源の出力インピーダンスは50 Ωに調整されている．一方，プラズマが生成しているときのICPの誘導コイル両端のインピーダンスは0.5～1.5 Ωである．このため，前項で述べたように，水晶発振方式の電源では，電源と誘導コイルのインピーダンス差を調整するための高周波整合回路が必要である．一般的な高周波整合回路は**図 2.2** に示すように，誘導コイルに対して並列に接続されているシャントコンデンサと，直列に接続さているシリーズコンデンサから構成されている．いずれのコンデンサもプラズマの状態が変化した場合でも最適な整合条件を実現するため，容量が変えられる可変コンデンサ（Variable capacitor）が使用されている．市販のICP分析装置では，高周波電源から誘導コイルに供給される進行波電力量，誘導コイルから高周波電源に戻る反射電力量，および高周波電圧と電流の位相を検出して可変コンデンサの容量をモーターで高速に変化させ，自動でインピーダンス整合を行っている．

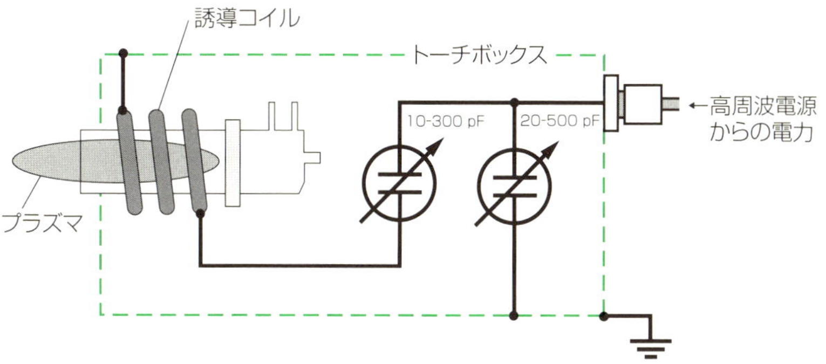

図 2.2 高周波整合器の概略

2.2 プラズマ中の原子・分子の挙動

プラズマ中では，荷電粒子であるイオンや電子が電界による加速で運動エネルギーを得て，それを他の粒子との衝突によって失う過程が繰り返されている．衝突された粒子は，弾性衝突で単に運動エネルギーを得る以外に，さまざまな変化を生じる．

2.2.1 電子のエネルギー分布

アルゴン ICP の電子温度は 1 eV（電子ボルト）弱であると言われている．1 eV は 1 個の電子が 1 V の電位差で加速された場合に得るエネルギーに等しく，1.602×10^{-19} J である．また，1 eV は温度では 11,600 K に相当する．1 eV のプラズマ中では，すべての電子が 1 eV の運動エネルギーで飛んでいるように思われるが，実際には Maxwell 分布に従った広いエネルギー分布を持っている．**図 2.3** に 1 eV の電子温度のプラズマ中の各エネルギーの電子の存在確率を示す．

図から，1 eV のプラズマ中にも，かなり高いエネルギーを持った電子が存在することがわかる．具体的には，1 eV 以上の電子は 57.2%，5 eV 以上は 1.85%，10 eV 以上は 0.0168%，15 eV でも 0.000159% 存在する．プラズマ中では，このような高エネルギー電子が他の粒子と衝突することで，以下のさまざまな過程が生じる．

2.2.2 解離

分子に，その結合エネルギーよりも高いエネルギーを持つ粒子が衝突した場

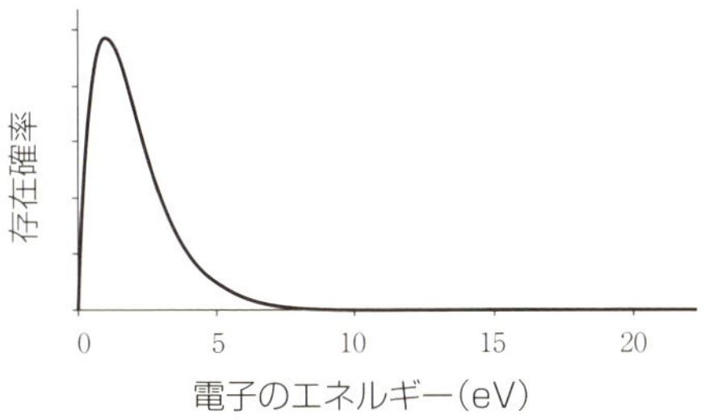

図 2.3 電子温度 1 eV 中での電子のエネルギー分布（Maxwell 分布）

合，解離（dissociation）が生じる．たとえば，水素分子に高エネルギー電子が衝突した場合，

H_2+e^-（高エネルギー）→2 H$+e^-$（低エネルギー）

という過程で，H_2 分子は二つの H 原子に解離される．

2.2.3 励起

原子は原子核とその外側を回る電子から構成されている．通常，電子は原子核に近い軌道を占めており，この状態を基底状態（ground state）という．基底状態にある原子や分子に電子などの高エネルギー粒子が衝突した場合，それが弾性衝突であれば少しのエネルギー移動が生じるだけであるが，原子や分子の励起エネルギーよりも高エネルギーの電子が衝突した場合，非弾性的に励起が生じる．低いエネルギー状態にある原子が高エネルギー粒子との衝突によってエネルギーを受け取ると，核外電子は高いエネルギー準位である外側の軌道に遷移する．この現象を励起（excitation）という．励起に必要なエネルギーを励起エネルギー（excitation energy）という．たとえば，基底状態のアルゴン原子に高エネルギー電子が衝突した場合，

Ar（基底状態）$+e^-$（高エネルギー）
　→Ar^*（高いエネルギー準位）$+e^-$（低エネルギー）

という過程で高いエネルギー準位に励起される．

2.2.4
発光（緩和）

通常，励起された原子や分子は光を放射するもしくは他の粒子と衝突するなどして，10^{-8} 秒程度で，より低い準位や基底状態に戻る（緩和過程）．光を放射する場合，放射前の上位準位の励起エネルギーと放射後の下位準位のエネルギー差に等しいエネルギーを持つ光が放射される．たとえば，励起状態にあるヘリウム原子が基底状態に緩和する場合，

$$\mathrm{He}^{*}\text{（高いエネルギー準位）}\rightarrow \mathrm{He}\text{（基底状態）}+h\nu$$

という過程で光を放出する．ここで，h はプランク定数，ν は光の振動数である．各元素の持つ励起準位は固有であるため，発せられた光子のエネルギー，つまり波長は各元素に固有の値となる．このため，この波長から元素の同定を行うことができる．これが発光分析における定性分析の原理である．さらに，ある励起した原子が高いエネルギーを持つ n 準位から低いエネルギー準位を持つ m 準位へ遷移する場合，n 準位にある原子の密度（単位体積中の原子の数）を N_{n}，その遷移確率を A_{nm} としたとき，発光する光の強度 I_{nm} は，

$$I_{\mathrm{nm}}=N_{\mathrm{n}}A_{\mathrm{nm}}h\nu \qquad (2.2)$$

で表すことができる．プラズマの温度が一定の場合，発光強度はその原子の密度に比例するため，光の強度を測定すれば，原子の存在量を求めることができる．これが，発光分析における定量分析の原理である．

2.2.5
吸光

逆に，上位準位と放射後の下位準位の差に等しいエネルギーを持つ光が入射した場合，下位準位の粒子はこのエネルギーを得て上位準位に励起される．この過程を吸光（absorption）という．たとえば，基底状態にあるリチウム原子が光を吸収して高いエネルギー準位に励起される場合，

Li（基底状態）$+h\nu \rightarrow$ Li^*（高いエネルギー準位）

という過程で励起される．この現象を利用したのが原子吸光分析である．原子吸光分析では，吸収の生じる光の波長から定性分析を，光の吸収強度（吸光度）を用いて定量分析を行う．

2.2.6 電離（イオン化）

核外電子がより高いエネルギーを受け取ると，電子は原子核の束縛を離れて自由電子となり，原子は正イオンとなる．この現象を電離もしくはイオン化（ionization）という．電離に必要なエネルギーを電離電圧（ionization potential）もしくはイオン化エネルギー（ionization energy）という．電離される確率は，衝突粒子のエネルギーが電離電圧を閾値としてそれ以下では0であり，閾値から徐々に増加して，一般的には100 eV程度で最大となる．たとえば，ナトリウム原子に高エネルギー電子が衝突した場合，

Na（原子）$+e^-$（高エネルギー）
$\rightarrow Na^+$（イオン）$+2\,e^-$（低エネルギー）

という過程で電離される．質量分析では，このイオンの質量／価数（m/z）から元素の種類を特定し，単位時間に計測されるイオンの個数から元素の濃度を決定する．イオン化された粒子はさらに，

Na^+（イオンの基底状態）$+e^-$（高エネルギー）
$\rightarrow Na^{+*}$（イオンの励起準位）$+e^-$（低エネルギー）

のように励起される．もしくは，

Na（原子）$+e^-$（高エネルギー）
$\rightarrow Na^{+*}$（イオンの励起準位）$+2\,e^-$（低エネルギー）

という過程で直接イオンの励起準位まで励起される．

すると，原子の場合と同様に

Na^{+*}（イオンの励起準位）→Na^{+}（イオンの基底状態）＋$h\nu$

のように発光を生じる．イオンからの発光をイオン線と呼び，たとえばNa（II）313.55 nm のように記述する．元素記号の後のギリシャ数字から1を引いたものがイオンの価数を示す．（III）の場合は2価イオンから，（I）の場合は中性粒子からの発光を示す．

2.2.7 再結合

正と負の荷電粒子が衝突して中性粒子に戻る現象を再結合（recombination）という．たとえば，マグネシウムイオンに電子が衝突した場合，

$Mg^{+}+e^{-}$→Mg

という過程で再結合し，原子に戻る．この際，余ったエネルギーは，一般的には他の粒子や壁などが受け取る．これを三体再結合（three body recombination）と呼ぶ．余ったエネルギーが光（電磁波）として放出される場合もあり，この光が再結合光と呼ばれる．この光のエネルギーは固有の値を持たないため，再結合光のスペクトルは連続的になり，発光分光分析ではバックグラウンドとして検出される．

2.2.8 準安定原子とペニングイオン化

前述のとおり，励起状態の粒子はごく短い寿命で発光して基底状態に戻る．しかし，ある準位間の遷移が禁制である場合，光を放出できないために励起状態に長時間とどまることができる．このような準位を準安定準位（metastable state）といい，この準位に励起された原子を準安定原子（metastable atom）という．**表 2.1** にいくつかの元素のイオン化エネルギーと準安定エネルギーの値を示す．

原子 A の準安定準位の励起エネルギーが原子 B のイオン化エネルギーより大きいとき，

表 2.1 イオン化エネルギーと準安定エネルギー

元素	イオン化エネルギー［eV］	準安定エネルギー［eV］	
He	24.6	19.8	21.0
Ne	21.6	16.6	16.7
Ar	15.8	11.5	11.7
Kr	14.0	9.8	10.5
Xe	12.1	8.3	9.4
N	14.5	2.4	3.6
O	13.6	2.0	4.2
Hg	10.4	4.7	5.5

$$A^m + B \rightarrow A + B^+ + e^-$$

の過程によってBがイオン化されることがある．これをペニングイオン化(Penning ionization) と呼ぶ．ペニングイオン化が生じると，Bが少量であっても効率よくイオン化されるため，電離度が高くなる．このため，プラズマを生成するための放電開始電圧が著しく低下することがある．これをペニング効果 (Penning effect) という．たとえば，蛍光灯にはアルゴンガスとともに少量の水銀が封入されているが，これはアルゴンの準安定エネルギーが水銀のイオン化エネルギーよりもわずかに高いため，水銀が効率よく電離されて低電圧でプラズマが生成できることを目的としたものである．

また，準安定準位の原子に電子が衝突した場合，電離電圧との差のエネルギーで電離される．たとえばアルゴンの場合，11.5 eV の準安定粒子に 4.3 eV 以上のエネルギーを持つ電子が衝突すれば 15.8 eV のアルゴンのイオン化エネルギーを超えるため，イオン化を生じることができる．1 eV のプラズマ中には，4.3 eV 以上のエネルギーを持つ電子は，15.8 eV 以上のエネルギーを持つ電子の 40,000 倍以上存在している．このため，希ガスなどの準安定準位を持つ元素は，プラズマ化されやすい性質を持っている．

2.3 微量元素分析用プラズマ源の励起機構[6)]

通常の気体の場合，その中には基底準位にある気体分子が存在するだけである．このため，燃焼フレーム中での励起機構は，熱運動する分子と分析種の弾性衝突が支配的となる．しかし，プラズマ中には多種類の粒子が存在する．アルゴンプラズマの場合，電子，基底準位にあるアルゴン，励起されたアルゴン，アルゴンイオン，励起されたアルゴンイオン，2価のアルゴンイオン，2価の励起されたアルゴンイオン…それに，励起種などから発せられた光子も存在する．この中にH_2Oなどの分子が混合されると，分子の解離が生じるため，さらに多種類の粒子が存在することになる．多成分を含んだ液体の分析試料がプラズマ中に噴霧導入された場合，加熱，気化，解離，励起，イオン化などがそれぞれの粒子に対して生じるため，その複雑さは容易に想像できるだろう．このため，分析用プラズマ中の励起機構は，単純化しない限りモデル計算することすら容易ではない．これまでにいくつかの単純化したモデルが提案され，各種粒子の存在度や分布を概算することで，ある元素のある準位への励起やイオン化に対して，どのような機構が生じ得るか，もしくは主流になりそうかということが議論されてきた．

すでに述べたとおり，微量元素分析に使用されるICPやMIPはいずれも電離度が0.1%程度の大気圧弱電離プラズマである．ICPやMIPを用いた発光分析法が高感度で化学干渉が少ないのは，プラズマの温度が高いためであると言われている．確かにプラズマの温度（約3,000～8,000℃）は化学炎（約2,000～3,000℃）と比べて高温であるため，ボルツマン分布則と化学平衡から，高温→高励起効率→高感度という単純な説明が可能である．しかし，それだけでは説明できないことが多い．たとえば，ヘリウムICPでは最高部の励起温度がわずか3,000℃程度であるにもかかわらず，励起温度が4,000℃を越すアルゴン ICP では励起できないハロゲン元素や非金属元素も高効率で励起・イオン化することが可能である．

このような点から，分析用の ICP は熱平衡状態にないと考えられるので，弾性衝突による熱的な励起の概念をそのまま適用することができない．このため，さまざまな非熱的励起機構が提唱されている．

2.3.1 ペニングイオン化による励起機構

Mermet[7,8]は準安定状態原子によるペニングイオン化を提唱した．アルゴン ICP を考えたとき，アルゴンは 11.55 eV および 11.72 eV に準安定準位を持つため，準安定アルゴンが測定対象元素 X のイオン化に

$$Ar^{m}+X \rightarrow Ar+X^{+}+e^{-}$$

のように寄与する．この励起機構では，アルゴン ICP では，11.72 eV 以下の励起・イオン化エネルギーを持つ元素の分析には有利になるが，それ以上の非金属やハロゲンの分析感度は大幅に低下することを説明できる．またこれは，より高い 19.81 eV と 20.53 eV に準安定準位を持つヘリウム ICP が非金属やハロゲンの分析に優れていることも説明できる．

さらに，イオン化されやすいナトリウムなどの元素（Easily Ionized Element, EIE）によるプラズマの特性への影響が小さい理由として，アルゴンの準安定状態が次の反応で関与していることが考えられる．

$$Ar^{m}+e^{-} \Leftrightarrow Ar^{+}+2\,e^{-}$$

つまり，Ar^{m} は電子を介して電離と再結合の平衡状態となっているので，電子が多量に供給されても平衡は左に移動するためにプラズマ中の電子密度はほぼ一定に保たれ，イオン化干渉が小さいとする考えである．アルゴンのイオン化エネルギーは 15.76 eV であるから，準安定状態からのイオン化エネルギーは 15.76－11.55＝4.21 eV となり，アルカリ金属のイオン化エネルギーと同程度となる．

しかし，準安定状態のアルゴンのペニングイオン化が ICP の励起機構に重

要な役割を果たしているという説明だけでは，多くのイオン線はそのイオン化エネルギーと励起エネルギーの和がアルゴンの準安定状態のエネルギー 11.55 eV，11.72 eV よりも大きいという現象を説明することができない．

2.3.2 再結合による励起機構

Boumans ら[9]はこの問題を解決するために，再結合傾向プラズマの概念を適用した．再結合傾向プラズマとは，電子密度が大きく再結合反応が支配的なプラズマであり，このプラズマではアルゴンの中性原子のうち，14～15 eV の高い励起準位の原子数が過剰の状態になっていると考えている．このようなアルゴンの励起原子は準安定状態の原子よりも高いエネルギーを持っているので，ペニングイオン化により

$$Ar^* + X \rightarrow Ar + X^{+*} + e^-$$

の反応で励起イオンを作ることができる．このイオンは

$$X^{+*} \rightarrow X^+ + h\nu$$

によりイオン線を発光するが，さらに

$$X^+ + e^- \rightarrow X^*$$

という再結合により，励起原子を生成し，

$$X^* \rightarrow X + h\nu$$

によって原子線を発光する．この考えにより，準安定状態のアルゴンだけが励起に関与するとしたときに生じた，多くのイオン線はそのイオン化エネルギーと励起エネルギーの和がアルゴンの準安定状態のエネルギー 11.55 eV，11.72 eV よりも大きいという問題が説明できる．

一方，これらのペニングイオン化を基盤とする励起機構に対して，Hasegawa ら[10-12]は Fujimoto によって提案された衝突-輻射モデル[13,14]をアルゴンプラズマに応用し，アルゴン原子の各準位の密度分布を求めた結果，アル

ゴンの準安定状態は近接の許容遷移準位との間で急速な内部転換(interconversion)が起こっているため，その総和は$0.64\times10^{11}\ cm^{-3}$と少なく，他の励起準位に比べて過剰な状態にはなっていないと結論している．さらに，ペニングイオン化に代わる説として，電子による直接励起を重視した衝突－輻射モデルを提案している．

以上のようにICPの励起機構にはいくつかの説明が行われているが，厳密な説明や定量的な解明には至っていない．

コラム　さわれるプラズマ？？

本書で取り扱っているプラズマは数千度の高温であるため，まさか手で触れることはできないし，プラズマの教科書には，プラズマは高温であると書かれている．しかし近年，手で触ることのできる「低温プラズマ」が開発され，注目を集めている．プラズマを生成するための電力を連続的に与えるとプラズマの温度は高くなる．しかし，パルス的に電力を印加して間欠的な放電をすると，活性な粒子は生成されるがガスの温度は上がらない，非平衡なプラズマを生成することができる．この方法により，写真のように，室温程度の低温プラズマを生成することができる．さらに，プラズマを生成するガスを冷却しておくことで，零下のプラズマを生成することもできる．これらのプラズマは，物質表面の親水化処理やクリーニングに使用され始めているほか，殺菌などの効果を用いて医療や食品の分野に応用する研究が行われている．

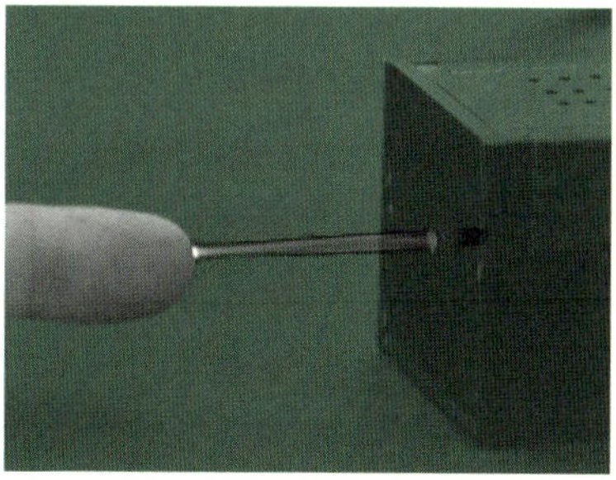

さわれるプラズマ

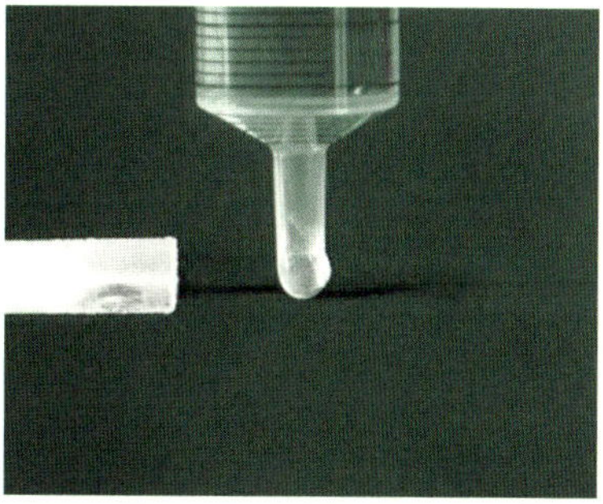

零下90℃のプラズマを10秒間照射すると水滴が氷る

【写真提供】株式会社プラズマコンセプト東京

2.4 プラズマ特性の測定[15)]

プラズマの基本特性は，原子，イオン，電子などの数密度（単位体積あたりの個数）と，それらの粒子の持つエネルギーで決まる．これらはプラズマパラメータと呼ばれ，気体の種類，圧力，印加電力など，プラズマの生成法に依存するプラズマ外部のパラメータによって制御される．プラズマ特性の測定法はプラズマの生成法とともに古くから研究され，現在までにさまざまな手法が開発されている．それらはプラズマ中にプローブ電極や熱電対などを挿入する能動的測定法と，プラズマからの発光を利用した受動的測定法に大別できる．ICP などの小型のプラズマでは，プラズマを乱さない受動的な測定法が主に使用されている．

2.4.1 熱平衡プラズマ

プラズマ中の各種粒子の衝突頻度が十分に高く，発せられた光もプラズマ中で吸収されるほどプラズマ密度が濃い場合，プラズマは熱平衡状態となる．本書で取り扱う ICP は十分に高密度ではないし，空間的な温度勾配も大きいのでこの条件を十分には満たさないが，熱平衡プラズマの理論は，ICP の特性の理解にも貴重な情報となる．

熱平衡状態のプラズマでは，z 価イオンの準位 l より上準位である i の占有密度 $n_z(i)$ は次式で表されるマクスウェル－ボルツマン分布（Maxwell-Boltzmann distribution）に従う[6,16)]．

$$\frac{n_z(i)}{n_z(l)}=\frac{g_z(i)}{g_z(l)}\exp\left\{-\frac{E_z(i)}{kT}\right\} \tag{2.3}$$

ここで，$g_z(i)$ は準位 i の統計的重率，$E_z(i)$ は z 価イオンの準位 i の基底状態からのエネルギー，k はボルツマン定数，T は絶対温度を表す．また，z 価のイオン密度は次式（2.4）で表される Saha の電離式で表される．

$$n_e \frac{n_z}{n_{z-1}} = 2\frac{B_z}{B_{z-1}}\left(\frac{2\pi m_e kT}{h^2}\right)^{\frac{3}{2}} \exp\left\{-\frac{X_{z-1}(l)}{kT}\right\} \tag{2.4}$$

ここで，n_e は電子密度，$\chi_{z-1}(l)$ は（z−1）価から z 価へのイオンの電離エネルギー，m_e は電子の質量，h はプランク定数，および B_z は次式（2.5）の分配関数である．

$$B_z(T) = \sum_i g_z(i)\ \exp\left\{-\frac{E_z(i)}{kT}\right\} \tag{2.5}$$

したがって，（z−1）価イオンの励起準位の占有密度は，次式の Saha-Boltzmann の式で表すことができる．

$$n_e \frac{n_z(l)}{n_{z-1}(i)} = 2\frac{g_z(l)}{g_{z-1}(i)}\left(\frac{2\pi m_e kT}{h^2}\right)^{\frac{3}{2}} \exp\left\{-\frac{X_{z-1}(i)}{kT}\right\} \tag{2.6}$$

このように，熱平衡プラズマでは非平衡プラズマなどと比べると，理論的取り扱いを著しく単純化することが可能である．

2.4.2
分光法による温度測定法[6, 16–19]

プラズマには，励起温度（T_{exc}），電子温度（T_e），イオン化温度（T_{ion}），ガス温度（T_{gas}），回転温度（T_{rot}）など，いくつかの温度が定義されている．熱平衡が成り立つときにはこれらのすべての温度は一致する．しかし，実際の大気圧 ICP では熱平衡が成立していないために，これらの温度は完全に一致することはなく，$T_e > T_{ion} > T_{exc} > T_{gas}$，$T_{rot}$ となることが多い．以下に具体的な温度測定方法を記す．

(1) 励起温度（T_{exe}）

プラズマ中の中性原子において，異なるエネルギー準位の原子密度分布がボルツマン分布に従っていると仮定するとき，式（2.3）を書き直すと，

$$\frac{n_i}{n} = \frac{g_i(i)}{B} \exp\left(-\frac{E_i}{kT}\right) \tag{2.7}$$

が得られる．ここで，n_i は準位 i の粒子密度，n は全粒子の密度，g_i は準位 i の統計的重率，E_i は準位 i の励起エネルギー，B は分配関数である．また，プラズマが空間的に薄いと仮定すると，プラズマ中の中性粒子において準位 i から準位 j への遷移によって放射される光の単位時間あたりの強度 I_{ij} は以下のように表される．

$$I_{ij}=n_i A_{ij}h\nu \tag{2.8}$$

ここで，A_{ij} は準位 i から j への遷移確率，ν は放射される光の振動数である．したがって，式（2.7）および式（2.8）より，

$$I_{ij}=n\frac{g_i}{B}A_{ij}\,h\nu\exp\left(-\frac{E_i}{kT}\right) \tag{2.9}$$

となる．さらに式（2.9）を変形して両辺の対数をとると，

$$\ln\left(\frac{I_{ij}}{g_i A_{ij}\nu}\right)=C-\frac{E_i}{kT} \tag{2.10}$$

が得られる．したがって，g_i，A_{ij} および E_i が既知である同一粒子の複数のスペクトル線について相対強度を測定し，式（2.10）の左辺を縦軸に，E_i を横軸にとると直線が得られ，その傾きが $-1/kT$ に比例することから，温度 T を求めることができる．プラズマが熱平衡状態であるかどうかに関わらず，同種粒子のエネルギー準位間ではボルツマン分布が成立していることが多く，プロットした点はほぼ直線上に位置するため，T_{exc} を規定することができる．この方法をボルツマンプロットという．また，2本のスペクトル強度比のみを用いるときは，特に2線法と呼ばれる．**表 2.2** に励起温度測定によく用いられるアルゴンのスペクトルパラメータ，**表 2.3** に He のスペクトルパラメータを示す．また，表 2.2，表 2.3 の各遷移確率を用いた励起温度の測定例を**図 2.4** および**図 2.5** に示す．この例では，アルゴンプラズマの励起温度は 4,700 K，ヘリウムプラズマの励起温度は 3,400 K と測定されている．

(2) イオン化温度（T_{ion}）

プラズマ中で LTE（局所熱平衡；Local Thermodynamic Equiribrium）が成立し，かつ2価以上のイオンが無視できる程度に少ないとき，原子とその1

表 2.2 Ar（Ⅰ）のスペクトルパラメータ[20]

λ (nm)	E_i (cm^{-1})	g_i	A_{ij} ($10^{-8}\ sec^{-1}$)
425.118	116,660	3	0.0089
425.936	118,871	1	0.3665
426.629	117,184	5	0.0265
427.217	117,151	3	0.0688
430.010	116,999	5	0.0318
433.356	118,469	5	0.0506
433.535	118,459	3	0.0308
434.545	118,408	3	0.0273

表 2.3 He（Ⅰ）のスペクトルパラメータ[20]

λ (nm)	E_i (cm^{-1})	g_i	A_{ij} ($10^{-8}\ sec^{-1}$)
402.62	193917	15	0.0089
447.15	191445	15	0.3665
471.32	190298	3	0.0265
492.193	191447	3	0.0688
501.568	186210	5	0.0318

価のイオンの平衡は次式（Saha-Eggert の式）に従う．LTE とは，プラズマ中の微小部分を考えたとき，その中では均一な温度分布があるとみなされ，かつ熱平衡状態が成立している場合を示す．一般的に気圧が高く，電子密度が高く，印加する電力の周波数が高いほどLTE に近づく．

$$\frac{n_e n^+}{n^0}=2\frac{B^+}{B^0}\left(\frac{2\pi mkT}{h^2}\right)^{\frac{3}{2}}\exp\left(-\frac{V}{kT}\right) \tag{2.11}$$

ここで，n^0 は原子密度，n^+ は基底状態のイオン密度，B^+ イオンの分配関数，B^0 は中性原子の分配関数，V はイオン化エネルギーを示している．

電気的中性が成立していると仮定すると，Dalton の法則は

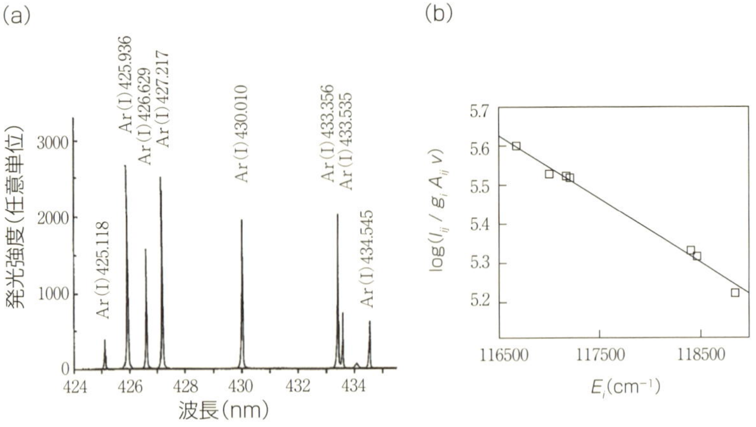

図 2.4　(a) アルゴンの発光スペクトルと (b) 励起温度のボルツマンプロットの例

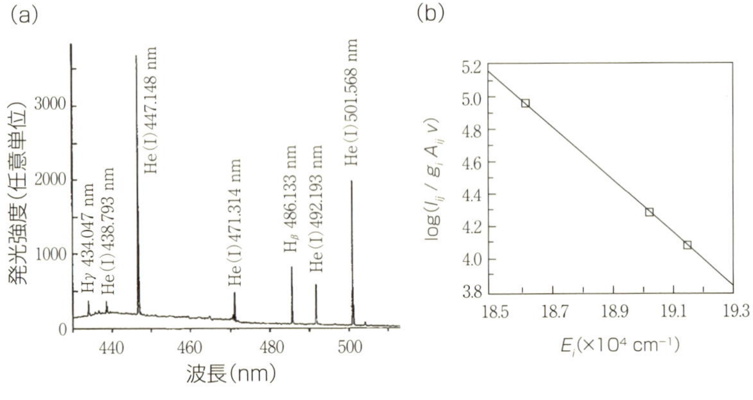

図 2.5　(a) ヘリウムの発光スペクトルと (b) 励起温度のボルツマンプロットの例

$$P=kT\left(n_1+n_e+n^++\sum_i n_i\right) \tag{2.12}$$

で表せる．n_1 は基底状態の原子密度，n_i は準位 i の原子密度，n^+ はイオンの密度である．ここで，各密度に $n_1>>n_e$，n^+，n_i という関係が成り立っているとすれば，式 (2.12) を

$$P = n_{\mathrm{i}} kT = \frac{n_{\mathrm{i}} kT}{\exp\left(-\dfrac{E_{\mathrm{i}}}{kT}\right)} \tag{2.13}$$

と書き直すことができる．また，電気的中性が成り立っているとすると，

$$n_{\mathrm{e}} = n^{+} \tag{2.14}$$

となる．したがって，式（2.13），（2.14）から式（2.11）は次のように変形できる．

$$n_{\mathrm{e}}^{2} = 2\frac{P}{kT}\frac{B^{+}}{B^{0}}\left(\frac{2\pi mkT}{h^{2}}\right)^{\frac{3}{2}}\exp\left(-\frac{V}{kT}\right) \tag{2.15}$$

電子密度が測定できれば，式（2.15）から温度を計算できる．この温度をイオン化温度 T_{ion} という．

この式を計算する際に，分配関数は Galan らによる多項式近似[21]により計算することができる．すなわち，

$$B(T) = a + b\left(\frac{T}{10^{3}}\right) + c\left(\frac{T}{10^{3}}\right)^{2} + d\left(\frac{T}{10^{3}}\right)^{3} + e\left(\frac{T}{10^{3}}\right)^{4} + f\left(\frac{T}{10^{3}}\right)^{5} \tag{2.16}$$

に温度を代入すれば分配関数を求めることができる．式（2.16）の各定数は Ar(I) で $a=1.0000$，Ar(II) では $a=4.8089$，$b=4.6545\times10^{-1}$，$c=-7.8367\times10^{-2}$，$d=4.7063\times10^{-3}$，He(I) では $a=1.0000$，He(II) では $a=2.0000$ である．式（2.15），（2.16）を用いて導出した，大気圧ヘリウムプラズマおよび大気圧アルゴンプラズマそれぞれにおける電子密度とイオン化温度の関係を**図 2.6** に示す．計算は，気圧 $P=1.0\times10^{5}$（Pa）のもとで行い，イオン化エネルギーはヘリウム，アルゴンについてそれぞれ $V=24.587$，15.759（eV）とした．

図 2.6 より，同じ電子密度ではアルゴンよりヘリウムプラズマのイオン化温度が 1,000 K 程度高くなっていることがわかる．しかし，同じ電力でプラズマを生成した場合，ヘリウムのイオン化エネルギー（24.6 eV）がアルゴン（15.8 eV）よりも高いため，アルゴンプラズマの電子密度はヘリウムよりも 1 桁以上高くなる場合が多い．このため，実際の大気圧プラズマではアルゴンプラズマのイオン化温度のほうがヘリウムよりも高くなる．このような理由により，励起やイオン化エネルギーが高いハロゲンなどの分析にはヘリウムプラズマが

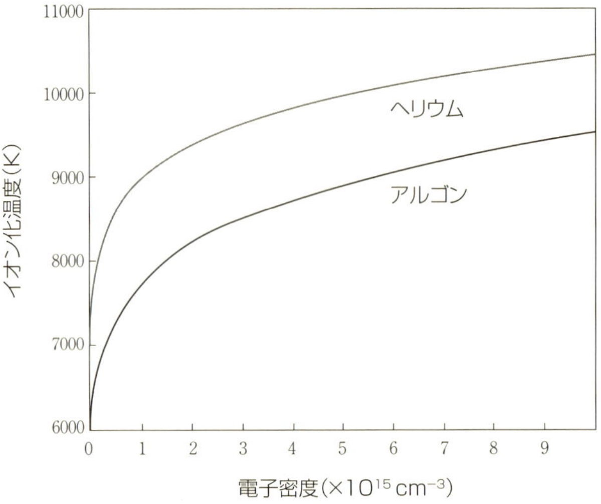

図 2.6　**大気圧プラズマにおける電子密度とイオン化温度の関係**

有利であるが，その他の多くの金属元素の分析にはアルゴンプラズマが有利であることが説明できる．

(3) 電子密度[22-24)]

電子密度は温度とともにプラズマの重要な基本特性であり，その測定には種々の測定法が用いられている．たとえば，プラズマ中でLTEが成立し，かつ2価以上のイオンが無視できる程度に少ないとき，前項のイオン化温度を測定する際に用いたSaha-Eggertの式を用いれば，温度から電子密度を導出することが可能である．

一方，LTEを仮定せず電子密度を求める方法として，スペクトル線のシュタルク広がり（Stark broadening）を用いる方法があり，広く使用されている．孤立した1個の原子の場合，束縛電子は原子核の周りを一定の軌道を運動しているが，プラズマ中では発光原子の近くに存在する多数の電子やイオンの作る微視的な電界の影響を受け，電子の軌動は複雑に変化する．この結果，エネルギー準位の広がりやずれを生じ，放射される線スペクトルに広がり（Stark broadening）や波長のずれ（Stark shift）が生じる．電子密度 n_e と線

スペクトルの広がりの間には

$$n_e = C(n_e,\ T)\ d\lambda_s^{\frac{2}{3}} \tag{2.17}$$

が成立する．ここで，C は n_e と T の間によりわずかに変化する定数である．数値は Griem らによって理論的に計算されている[23]．

一方，本書で対象とするような分析用プラズマなど，溶液試料を導入するプラズマでは，スペクトル広がりの比較的大きい水素の H_β 線（486.133 nm）を用いることが多い．H_β スペクトルの形状と電子密度の関係は Vidal らによって計算されている[24]．**図 2.7** に熱平衡を仮定した 5,000 K における，電子密度 1.0 $\times 10^{14}$～1.0×10^{16} cm^{-3} の H_β 線のスペクトル形状を示す．プラズマの温度が既知であれば，スペクトルの形状や半値幅から電子密度を求めることができる．

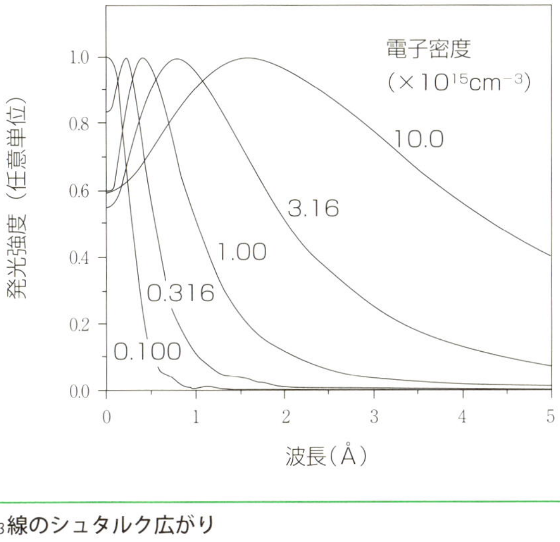

図 2.7　H_β 線のシュタルク広がり

2.4.3
その他の大気圧プラズマの特性測定

ここまでは，分光法によるプラズマの特性測定について記述してきたが，ICP 質量分析装置（ICP-MS）では，質量信号などを通じて電子密度や温度を推定することができる．

（1）ICP-MS による電子密度測定[25)]

アルゴン ICP 程度の温度を持つプラズマ中には，正の電荷を持つイオンと電子が同数存在することから，ICP-MS のサンプリング／スキマーコーンを通じて生じるイオンジェットのイオン電流値を測定し，電子密度を推定することができる．

図 2.8 に示すように，スキマーコーン直後のイオンレンズである引き出し電極 1 には，−350 V 程度の負の高電圧が印加されており，Ar^+を主とするプラスイオンが誘引されている．そこで，この引き出し電極の出口部分をアルミホイルなどで閉塞し，イオンビームをすべてイオン電流として回収する経路を設ける．イオン電流が抵抗を通過すると，抵抗の前後で電位差が生じるので，この電位差をデジタルマルチメーターなどにより測定し，イオン電流値を測定する．事前に電子密度が既知である条件で生成された ICP のイオン電流値と比較することで，電子密度を求めることができる．

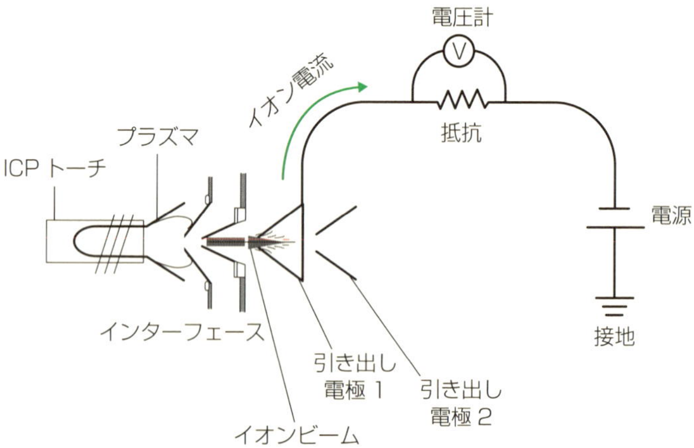

図 2.8 イオン電流の測定

(2) ICP-MS によるイオン化温度測定[25)]

ヨウ化セシウム（CsI）など，イオン化率の大きく異なる2種類の元素からなる化合物をICP中に導入する．CsI溶液中にはヨウ化物イオンとセシウムイオンが正確に同数存在しており，セシウムは第一イオン化エネルギーが3.89 eVと低く，かつ第二イオン化エネルギーが25.1 eVと高いため，プラズマ中ではほぼ100%がCs^+としてイオン化されている．このことから，Cs^+の数はヨウ素の原子とイオン（IおよびI^+）の総数とほぼ等しいと考えられるので，I^+／Cs^+のイオン強度比からヨウ素のイオン化率を求めることができる．ここで得られたイオン化率と，上記の方法で求めた電子密度をイオン化温度と電子密度とイオン化率の関係を示す（2.11）式に代入することで，イオン化温度を求めることができる．

(3) 能動的な分光測定

プラズマにレーザー光，電磁波，中性粒子などを入射し，そこで起こる相互作用から生じる光を測定する能動的なプラズマの分光測定法も使用されはじめている．これらは近年発展した手法で，レーザーを光源とするレーザー誘起蛍光法（Laser Induced Fluorescence, LIF）やトムソン／レーリー散乱法（Thomson/Rayleigh scattering）などがある[26)]．これらの手法では，受動的な分光測定では得られない空間分解能，時間分解能，測定感度を得られることがある．しかし，測定系が複雑になり，大掛かりで高額な測定装置が必要となるため，分析用のプラズマ特性測定には一般的には使用されていない．

参考文献

1）A. Montaser, D. W. Golightly : *Inductively Coupled Plasmas in Analytical Atomic Spectrometry*, VHC Publishers（1992）.

2）A. Montaser: *Inductively Coupled Plasma Mass Spectrometry*, Wiley-VHC（1998）.

3）A.　Montaser 編，久保田正明監訳：『誘導結合プラズマ質量分析法』化学工業日報社（2000）.

4）M. W. Blades, G. Horlick : *Spectrochim. Acta*, **36 B**, 861（1981）.

5）C. B. Vandecasteele, C. B. Block 著，原口紘炁，古田直紀，寺前紀夫，猿渡英之

訳：『微量元素分析の実際』丸善（1995）.
6）原口紘炁：『ICP 発光分析の基礎と応用』講談社サイエンティフィク（1986）.
7）J. M. Mermet, C. R. Acad : *Sci. Ser. B*, **281**, 273（1975）.
8）I. J. M. M. Raaijmakers, P. W. J. M. Boumans : *Spectrochim. Acta*, **38 B**, 697（1983）.
9）P. W. J. M. Boumans, F. J. de Boer : *Spectrochim. Acta*, **32 B**, 365（1977）.
10）T. Hasegawa, K. Fuwa, H. Haraguchi : *Chem. Lett.*, 2027（1984）.
11）T. Hasegawa, K. Fuwa : *Spectrochim. Acta*, **40B**, 1067（1985）.
12）T. Hasegawa, H. Haraguchi : *Anal. Chem.*, **59**, 2789（1987）.
13）T. Fujimoto : *J. Phys. Soc. Jpn*, **47**, 265（1979）.
14）T. Fujimoto : *J. Phys. Soc. Jpn*, **49**, 1561（1981）.
15）プラズマ・核融合学会編：『プラズマ診断の基礎』名古屋大学出版会（1989）.
16）沖野晃俊：「大気圧気流安定化無電極プラズマに関する研究」学位論文，東京工業大学（1993）.
17）宮原秀一：「大気圧マルチガス誘導結合プラズマ源の開発と微量元素分析への応用に関する研究」東京工業大学学位論文（2004）.
18）山本　学，村山精一：『プラズマの分光計測，日本分光学会測定法シリーズ 29』学会出版センター（1995）.
19）高橋　務，村山精一：『液体試料の発光分光分析—ICP を中心として，日本分光学会測定法シリーズ 5』学会出版センター（1983）.
20）W. L. Wiese, M. W. Smith, B. M. Glennon: "Atomic transition probabilities（H through Ne-A critical data compilation)", *In Natl. Stand. Ref. Data Ser., Natl. Bur. Stand.*; NSRDS-NBS 4, 1, US Government Printing Office, Washington, DC（1966）.
21）L. de Galan, R. Smith and J. D. Winefordner : *Spectrochim. Acta*, **23 B**, 521（1968）.
22）H. R. Griem : *Plasma Spectroscopy*, McGrw-Hill（1964）.
23）H. R. Griem : *Spectral Line Broadening by Plasma*, Academic Press（1974）.
24）C. R. Vidal, J. Cooper, E. W. Smith, Astropys : *J. Suppl Series*, No. 214, 24, 37（1973）.
25）谷田部謙二郎，大畑昌輝，古田直紀，杉山尚樹，阪田健一：分析化学，**52**，559（2003）.
26）D. A. Wilson, G. H. Vickers, G. M. Hieftje : *Appl. Spectrosc.*, **41**, 875（1987）.

Chapter 3

ICP 発光分析装置

ICPはドーナツ構造を持つユニークなプラズマであり，ICPを光源とするICP発光分析法は多元素同時分析を特徴とする分析法である．一方で，ICPが非常に高温の光源であるためにさまざまな分光干渉が存在し，また，Arをプラズマガスとしていることでプラズマへの試料導入にも制約や課題がある．それらを克服するように，測定装置にはICPの特徴を活かして多元素同時測光を実現するように多くの開発や工夫がなされてきた．

3.1 ICP 発光分析装置の構成と種類

ICP 発光分析法は高温のアルゴンプラズマ（アルゴン ICP）を励起源とする発光分析法であり，多元素を同時にあるいは短時間に測定できることが最大の特長である．測定装置にはその特徴を活かすような構成や工夫がなされている．装置全体の模式図を**図 3.1** に示す．基本的に，装置は ICP 励起源部，試料導入システム，分光システム，データ処理システムから構成される．ICP 励起源部では高周波電源（RF 電源）から発信された高周波を誘導コイルに供給して，コイル内で誘導される電磁波によってアルゴンプラズマを点灯・維持する．ICP ではプラズマ維持のために 3 重管構造のトーチが用いられ，ICP 特有のドーナツ構造のプラズマが維持される．試料導入システムでは，試料溶液をネブライザで噴霧してミストを生成させ，スプレーチャンバーで分別して細かなミストだけをキャリアガスとともにプラズマ中に導入する．プラズマに導入された試料はプラズマ中で気化，原子化，さらにはイオン化され，最終的に励起されて脱励起する際に発光する．分光システムでは，この発光を集光して分光器の入射スリット上に結像させ，分光器で分光することで測定元素の波長を選択し，出射スリット上に配置された検出器に再び結像して検出する．個々のシステムについては後述するが，ICP 発光分析装置は全体的な構成から以下の二種類に大別される．

① 波長掃引（シーケンシャルタイプ）システム
② 多元素同時測定（マルチチャンネルタイプ）システム

波長掃引システムではモノクロメータ分光器が使用され，波長を掃引しながら任意の波長位置に移動して，目的元素の発光強度を測定する．高精度のステッピングモータとコンピュータ制御により任意の波長に高速で移動・停止する，あるいは特定の波長範囲を掃引しながら，短時間で多元素を逐次的に測定することができる．これに対して，多元素同時測定システムではエシェル分光器あるいはポリクロメータ分光器が使用され，分光されたそれぞれの元素の波長を複数の検出器（検出素子）を用いて同時に検出する．すなわち，分光器による波長掃引は行わないために，安定な装置を設計しやすい．以前は検出器として光電子増倍管（フォトマルチプライア）が一般的に使用されていたために，その物理的な大きさに起因する障害から，実用的な測定元素（波長）の数や測定波長の選択には大きな制約が存在した（最大で約 50 波長）が，最近では面検出器の進歩とデータ処理技術の利用により，測定波長や測定元素をほぼ自由に選択できるようになり，まさに多元素同時測定が可能となっている．

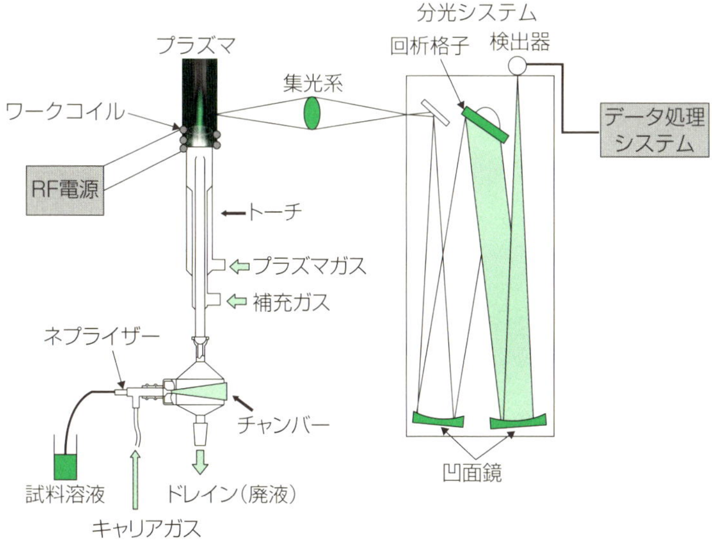

図 3.1　波長掃引型測定装置全体の模式図

3.2 ICP 励起源

ICP 励起源部は誘導結合によりアルゴン ICP を励起・維持するための心臓部であり，主には高周波電源，誘導コイル，プラズマトーチから構成される．高周波電源には工業的利用に解放されている 27.12 MHz あるいは 40.68 MHz の周波数の発信方式が採用されている．ICP の特徴であるドーナツ構造を維持するうえでは，高周波の表皮効果（skin effect）が重要な役割を果たす．導体に高周波電流を流すと，その電流密度は導体の表面付近で最大になり，深さとともに減少する．電流密度が導体表面の値の $1/e$ まで減少する表皮深さ（skin depth）δ は次式で表わされる．

$$\delta = \frac{1}{\sqrt{\pi f \mu \sigma}} \tag{3.1}$$

ここで，f は周波数，μ は透磁率，σ は伝導度である．

表皮深さ δ は周波数の平方根に逆比例するため，表皮深さに支配されるドーナツ径もまた周波数の平方根に逆比例する．そのため，安定なドーナツ構造の維持，すなわちプラズマ構造の維持には 40.68 MHz のほうが有利であると言われている．実際に，40.68 MHz の発信方式のほうがプラズマのドーナツ径が大きくなるため有機溶媒が入れやすい，また，プラズマ温度が低くなるためにアルカリ元素の感度が高いことが報告されている．一方，27.12 MHz の発信方式に関しては，プラズマがより高温になるために干渉が小さい，また，励起エネルギーが高い短波長側で感度がよいなどの報告がある．しかしながら，ICP 発光装置全体の性能として比較した場合には，どちらの周波数の発信方式を採用しても実用上の明確な差はほとんどないのが現状である．実際，市販装置では 27.12 MHz と 40.68 MHz の発信方式を採用するものが同程度であり，それぞれ 0.7–2.0 kW 程度の出力でプラズマを点灯・維持している．

高周波の発信方式には水晶発振方式（crystal oscillator）と自励発振方式（free-running oscillator）がある．水晶発振方式は周波数の安定した発信が得られ，発信器の寿命が長いという利点があるが，有機溶媒の噴霧などによるプラズマのインピーダンス変化に対しては脆弱な場合もあり，それを補正するためのマッチング回路が必要である．自励発振方式ではLC発信回路により高周波を発生しているために，発信周波数の厳密さには欠けることもあるが，インピーダンス変化を自動的に補正できる利点がある．最近の高周波発振システムではさまざまな改良が加えられて，どちらの発信方式においても試料溶液の導入によるインピーダンス変化に即座に応答して補正することができ，少々のことでプラズマが不安定になったり，消えたりすることはない．これまでの改良の結果，現在のICP発光分析装置はロバストな分析装置となっている．

ICPを維持するためには**図 3.2** に示すような三重管構造のプラズマトーチが用いられる．トーチ外径が 20 mm 程度の石英製外管（outer tube）の中に，外径 16 mm 程度の石英製内管（middle tube）とさらにその内側に外径 6 mm 程度の石英製中心管（inner tube）が設置されている．この構造はICPが開発された当初のころからほとんど変わっていない．三重管のそれぞれの管にはアルゴンガスが流されるが，中央部がキャリヤーガス（carrier gas），中間部が補助ガス（auxiliary gas），外周部がプラズマガス（冷却ガス；plasma gas または coolant gas）と呼ばれている．キャリヤーガスは管の中心部から流されるが，補助ガスとプラズマガスは各管の接線方向から管内をらせん状に流れるように導入される．キャリヤーガスは 0.5–1 L/min，補助ガスは 0.3–0.5 L/min，プラズマガスは 13–18 L/min 程度の流量で導入されて，トーチ上部に設置された誘導コイルにより高周波が印加されてプラズマが点灯する．

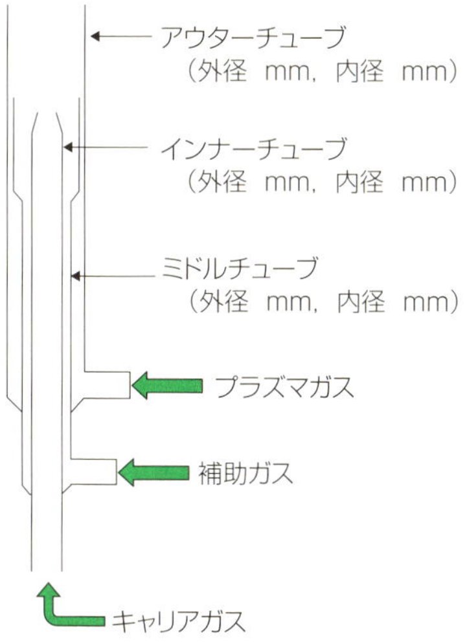

図 3.2　三重管構造のプラズマトーチ

3.2.1 キャリヤーガス

キャリヤーガスは試料溶液ミストをプラズマ中に導入するためのガスであり，アルゴンボンベからマスフローコントローラーを介して流量制御されて，ネブライザと噴霧室を通り，試料ミストをともなってプラズマ中に導入される．キャリヤーガスを流すことによりプラズマのドーナツ構造はより明確に形成される．キャリヤーガス流量は試料導入量に直接影響を与える要素であり，ネブライザの種類や試料などの分析条件によって決める必要があるが，同時にプラズマ温度にも大きな影響を与え，大量に流すとプラズマ温度を低下させて発光強度の低下を招く．最適条件の検討には試料導入量と発光強度のバランスを検討することが重要である．

3.2.2 補助ガス

トーチ中間部に流す補助ガスは，プラズマを維持するうえでは本質的な役割はないが，プラズマをトーチのより高い位置に維持して，プラズマがトーチに接触し，損傷させることを防ぐ役目を果たしている．また，有機溶媒などを噴霧する場合には水溶液噴霧の場合よりも数倍多く（1–1.5 L/min 程度）流すことで，トーチへの煤の付着やプラズマの不安定化を抑制することができる．なお，後述する軸方向測光方式（axial view type）では，有機溶媒の測定の場合には補助ガスとして 0.1–1 L/min の酸素を流す場合もある．

3.2.3 プラズマガス（冷却ガス）

トーチ外周部に流すプラズマガスは，プラズマを維持するのに十分なアルゴンガスを供給するとともに，トーチ外周部に多量のガスを流すことでプラズマを冷却し，トーチへの接触を防ぐ働きをしている．また，大量のアルゴンガスを流すことにより，プラズマ中心部を大気から遮蔽し，プラズマ内への空気の混入を防いでいる．これにより，プラズマからの NO, OH, NH, N_2 などに由来するバックグランドスペクトルを抑制することができる．現在の ICP 装置では 15–20 L/min 程度のプラズマガスが消費されているが，分析コストを軽減するために，低いアルゴンガス流量でも安定に点灯するプラズマも望まれている．

3.3 試料導入システム

効率的な試料導入は分析装置にとって最も重要かつ難しい課題である．アルゴン ICP は，プラズマ中心部の温度がその周囲よりも低いドーナツ構造であるために，プラズマ中へ試料を効率よく導入することができ，また，試料がプラズマ中心部を通ることからプラズマ中での横への拡散が少ないという優れた特徴を有している．ICP 発光分析装置では，ガスあるいは粉体の試料も導入することができるが，主な分析試料は水溶液系試料であり，その試料導入システムにはさまざまな工夫がなされている．**図 3.3** には Broekaert らがまとめた ICP 発光分析装置で利用される種々の試料導入法を示す[1)]．

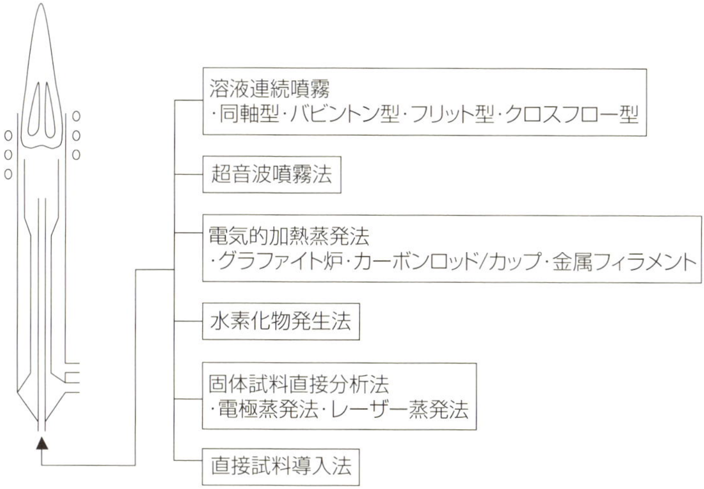

図 3.3 ICP 発光分析で利用される種々の試料導入法

Broekaert によってまとめられた導入法を簡易化して表示した．

水溶液系試料の導入に最も一般的に用いられるシステムは連続噴霧方式であり，試料溶液を吸い上げてミスト状に噴霧するネブライザと噴霧されたミストを液滴の大きさで選別する噴霧室（スプレーチャンバー）から構成される（**図 3.4**）．霧吹きの原理を応用して試料溶液を吸引・噴霧するネブライザをニューマティックネブライザ（pneumatic nebulizer）と呼び，なかでも同軸型ネブライザ（concentric type nebulizer）が最も広く用いられている．ネブライザの概略を**図 3.5** に示すが，二重管の外管にキャリヤーガスを流し，ノズル先端に生じる圧力差により，内管（キャピラリー管）を通して試料を吸引し，ノズル先端からミストとして噴霧する．同軸型ネブライザによる試料噴霧量は 0.5–1 mL/min 程度であるが，噴霧室において径の大きなミストはドレインに捨てられるために，噴霧された試料の 1～8% 程度が微細なミストとなりプラズマに導入される．最近では，微小量試料でも分析できるように，100 μL/min 以下の流量で噴霧できる同軸型ネブライザも開発されている．これ以外にも，高マトリックスや高濃度の試料を分析する際には，ネブライザの目詰まりに強いクロスフロー型ネブライザ（cross-flow type nebulizer）やバビントン型ネブライザ（Babington type nebulizer）なども使用される．クロスフロー型ネブ

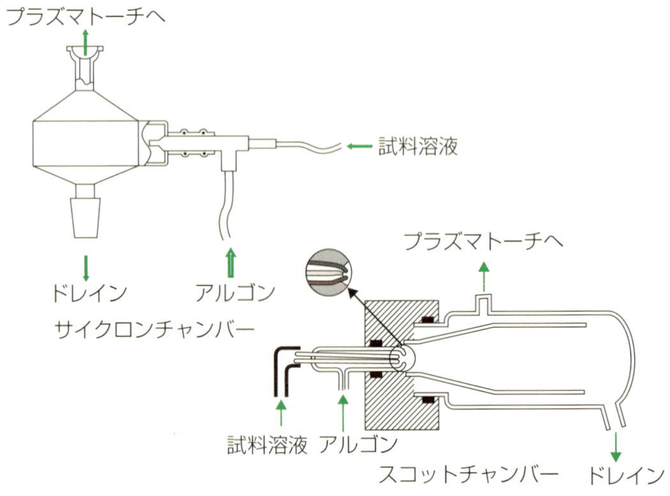

図 3.4　ネブライザ＋スプレーチャンバー（サイクロンタイプとスコットタイプ）

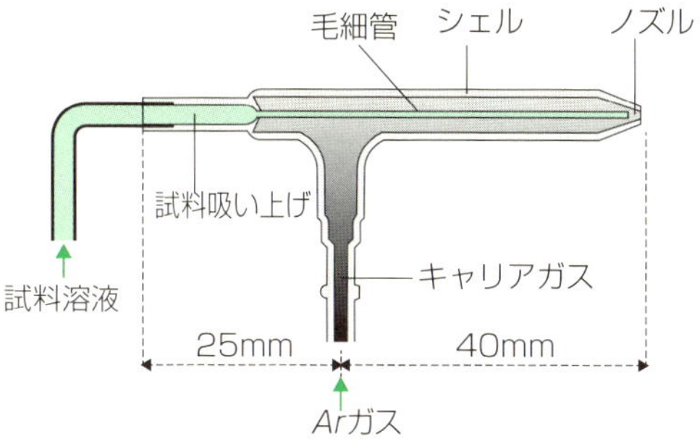

図 3.5 同軸型ネブライザ

ライザでは，キャリヤーガスと試料溶液を導入するキャピラリー管の先端が同一平面上で直角に交差するように配置して，同軸型と同じように霧吹きの原理で試料溶液を吸引・噴霧する．これに対してバビントン型では，ペリスタポンプなどを使って試料溶液を送入し，V字形溝を流れる試料を途中でガス噴射により霧化させる．特に，後者は高塩濃度溶液用ネブライザとして利用されている．

ネブライザから噴霧室に噴霧された試料溶液は，室壁に衝突したり，流れの方向を変えたりする過程で，大きなミストは除かれて，細かなミストだけが選別されてプラズマに導入される．噴霧室としてはスコットタイプとサイクロンタイプのものが広く採用されている．スコットタイプはICP分光分析法の開発当初から採用されているもので，導入効率は1～2%と低いが，細かいミストを安定的にプラズマに導入することができる．サイクロンタイプは比較的最近になって採用されるようになった噴霧室であり，導入効率が～8%までと高い．試料を比較的大量にプラズマに導入できるために，高感度な分析が期待できる．また，ネブライザや噴霧室は標準的には硼硅酸ガラス製のものが使用されるが，フッ酸を含む試料を測定する場合などにはフッ素系樹脂で作られた耐フッ酸用のものを使用する必要がある．

試料導入システムには，連続噴霧方式以外にも図3.3に示したように，超音波ネブライザ（ultrasonic nebulizer），電気的加熱蒸発法（electro-thermal vaporization: ETV），水素物発生法（hydride generation），固体直接導入法（direct insertion）などがある．それらの詳細に関してはChapter 5で解説する．

3.4 分光システム

プラズマのような高温熱媒体からは極めて多数の発光線が放射されるために，ICP 発光分析装置では目的元素の発光線の中から，他の発光線や連続発光の分光干渉を受けない（受けにくい）発光線，すなわち分析線を適切に選択する必要がある．ICP から発光線の線幅は 0.001 nm 程度であり，また，分析線の近傍には共存成分による多数の発光線が存在しているために，ICP 分光装置では高分解能の分光システムが必要とされる．分光システムは基本的に分光器と検出器から構成される．近年の半導体素子の著しい進歩により検出器には大きな変化があり，これまで広く採用されていた光電子増倍管に代わり，現在では CCD に代表されるような半導体面検出器が主流になっている．それに伴い，用いられる分光器の主流も代わってきた．一般的に，波長掃引型システムではモノクロメータが，多元素同時測定システムではエシェル分光器とポリクロメータが用いられている．

3.4.1 モノクロメータ

平面回折格子を回転させて波長掃引する分光器には，平行光（collimated beam）をつくるために一枚の凹面鏡を用いるエバート（Ebert）型と，二枚の凹面鏡を用いるツェルニ・ターナー（Czerny-Turner）型が広く用いられている．**図 3.6** にはツェルニ・ターナー型分光器の原理図を示す．入射スリットに結像された光はコリメーティングミラーにより平行光にされ，回折格子により分光されて，カメラミラーにより再び出射スリット上に結像される．このとき，回折格子の角度を制御することで出射スリット上に結像される発光の波長が決まる．

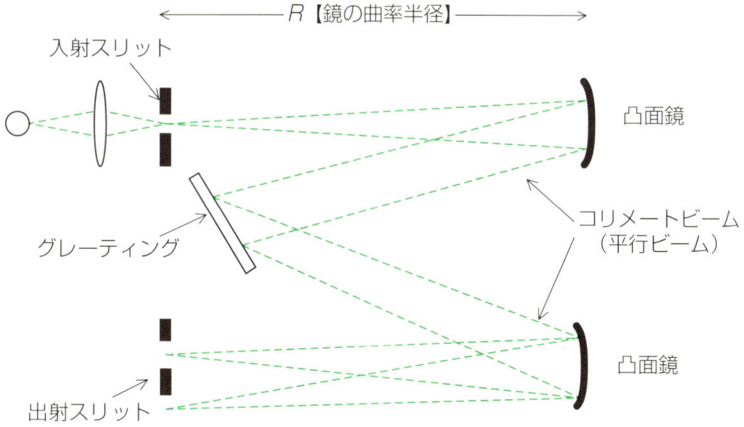

図 3.6 ツェルニ・ターナー型分光器の原理図

分光システムの心臓部である回折格子における分光の原理を**図 3.7** に示す．格子間隔 d の回折格子に，法線に対して入射角 α で入射した光 A と B が，回折角 β で回折された回折光（A′，B′）を生じた場合，AA′と BB′の光路差は式（3.2）のように表される．（回折角は法線に対して入射角と同じ側では正，反対側では負となる．）

$$\Delta = d\sin\alpha + d\sin\beta = d(\sin\alpha + \sin\beta) \tag{3.2}$$

この光路差がちょうど波長の整数倍に等しいときに干渉により光が強まるので，波長 λ の光が回折角 β 方向に放射される条件は式（3.3）のとおりである．

$$m\lambda = d(\sin\alpha + \sin\beta) \quad (m \text{ は整数}) \tag{3.3}$$

入射光と回折光のなす角を 2θ（すなわち，分光器の中心線と入射光および回折光がなす角を θ とする）とすると，式（3.4）の関係が成り立つ．

$$\alpha = \beta - 2\theta \tag{3.4}$$

式（3.4）を式（3.3）に代入すると，式（3.5）が得られる．

$$m\lambda = 2d\cos\theta\sin(\beta - \theta) \tag{3.5}$$

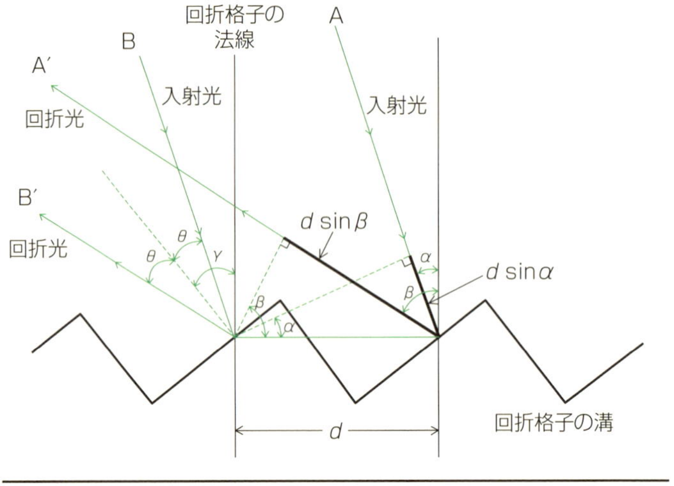

図 3.7 回折格子における分光の原理

θ は一定であるので，一次光を用いる場合には以下のように整理できる．

$$\lambda = k\sin\delta \tag{3.6}$$

ここで，k は定数で，δ は回折格子の法線と分光器の中心線がなす角になる．すなわち，分光器の掃引波長と回折格子の回転角の間には sin 関数の関係が成り立つ．実際の分光器ではステッピングモータの回転をサインバー（sin bar）により変換して等間隔に波長掃引するのが一般的であるが，最近ではステッピングモータを直接 sin 関数で制御して高速に波長掃引する方法も実用装置に採用されつつある．

分解能の目安を表す指標に逆線分散（$\Delta\lambda / \Delta l$）が用いられる．これは出射スリット上の 1 mm が光の波長の何 nm に相当するかを示すもので，この値に出射スリット幅を乗ずれば，実際に出射スリットを通過する波長の幅（バンドパス；bandpass）を求めることができる．式（3.3）から回折格子の角分散を求めると

$$\frac{\Delta\lambda}{\Delta\beta} = \frac{d\mathrm{soc}\,\beta}{m} \tag{3.7}$$

カメラミラーの焦点距離をfとすると，焦点面上での二つの光線の距離は以下の式であらわさられる．

$$\Delta l = f\Delta\beta \tag{3.8}$$

上記の二つの式から，逆線分散は次式に変換される．

$$\frac{\Delta\lambda}{\Delta l} = \frac{d\,\mathrm{soc}\,\beta}{mf} \tag{3.9}$$

ここで，回折格子の刻線数をL（本／mm）とすると，$d=1/L$となるので，逆線分散として式（3.10）が得られる．

$$\frac{\Delta\lambda}{\Delta l} = \frac{\mathrm{soc}\,\beta}{mfL} \tag{3.10}$$

式（3.10）からわかるように，高分解能の分光器を設計するためには，回折格子は刻線数の多いものが望ましく，また分光器の焦点距離は長いほうが望ましい．さらには高次の回折光を測定することが望ましいことになる．ICP 発光分析装置では焦点距離 75～100 cm の分光器に 1800～4320 本／mm の刻線数の回折格子が一般的に使われている．厳密には測定波長により異なるが，焦点距離 75 cm–刻線数 2400 本／mm の分光器では逆線分散は 0.5 nm/mm，焦点距離 100 cm–刻線数 4320 本／mm の分光器では 0.2 nm/mm となる（いずれも一次光の場合）．たとえば，後者の分光器に 10 μm の出射スリットを装着した場合には，原理的には約 2 pm のバンドパスでの分光が可能になる．しかしながら，分解能を高くすれば検出器に入る光の量が減少するために，分光器の明るさは低下することになる．

一方，分解能をあげるために刻線数の多い回折格子を利用すると測定可能な長波長側の波長領域は狭くなる．式（3.3）から，回折可能な波長は$\lambda<2d$であり，格子間隔の 2 倍以上の波長の光は回折されずに鏡面反射される．たとえば，2400 本／mm の回折格子では約 800 nm，4300 本／mm の回折格子では約 460 nm より長い波長の光を分光することはできない．

回折格子は溝の面の角度（γ）を一定方向に揃えることで，特定の波長領域の回折光のエネルギーを強める，すなわち明るくすることができる．このように回折格子の面角度を制御することをブレーズ（blaze）と呼び，溝の面角度をブレーズ角（blaze angle），明るい波長域をブレーズ波長（blaze wavelength）という．ブレーズ角γは回折格子の法線と溝面のなす角に等しく，分光器における入射光の角度の決定に大きく影響する．一般の分光器では一次光で400～500 nm近傍の波長領域にブレーズ波長がくるような回折格子を用いている．

3.4.2 エシェル（Echelle）分光器

エシェル分光器の模式図を**図3.8**に示す．エシェル分光器で使用されるエシェル回折格子は刻線数が79～100本／mm程度と非常に少なく，ブレーズ角が大きい（70°程度）という特徴がある．前述のように，一般的に高分解能にするためには刻線数の多い回折格子を用いるが，エシェル回折格子では刻線数が少ない代わりに，高次数の回折光，すなわち式（3.3）のmが大きい回折光を利用する．実際に測定する次数は測定波長に適切なものを選ぶ必要があるが，一般的には短波長側（200 nm近傍）で90～100次，長波長側（800 nm近傍）では20～25次の回折光を測定する．式（3.3）からわかるように，たとえば，200 nmの2次光は400 nmの位置に，3次光は600 nm位置にスペクト

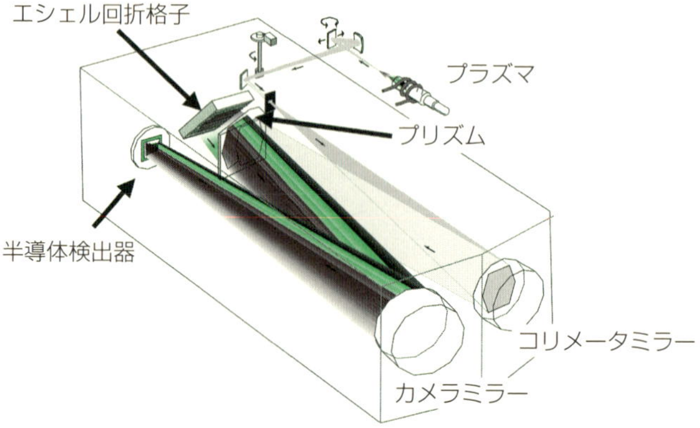

図3.8 エシェル分光器の模式図

ルが現れる．逆に，1 次光で 600 nm の位置には，300 nm の 2 次光と 200 nm の 3 次光が重なることになる．このように，高次の波長を利用するエシェル回折格子では異なる次数のさまざまな波長の光が同じ測光位置に重なり合うことになる．そこで，エシェル分光器では回折格子の前にプリズムを設置して各次数の光をスペクトルに対して縦方向に分離し，次数による回折光の重なりを排除して測定を行っている．エシェル分光器によるスペクトルは狭い波長帯のスペクトルが次数順に縦に積み重なった構造をしている．このため，集光部に半導体型面検出器を置き，平面上に分散するスペクトルを面検出することで，多元素同時検出が可能である．また，エシェル分光器は高次光を利用するために高分解能であり，200 nm 付近の測定で半値幅 6 pm 程度のスペクトルが分離できる．一方，プリズムを利用しているために，その材質の光学特性により短波長側は 180 nm 付近が測定の下限になる．

3.4.3 ポリクロメータ　凹面回折格子を用いるパッシェン-ルンゲ (Paschen-Runge)

パッシェン-ルンゲマウンティング方式の分光器の原理図を**図 3.9** に示す．凹面回折格子の曲率を持つ円（これをローランド（Rawland）円と言う）を仮定したとき，この円周上に置かれた入射スリットから入射した光は，その反対側にある凹面回折格子で分散され，回折光は波長の順番に再びローランド円上に焦点を結ぶ．そこで，ローランド円上に検出器を並べることで，多元素同時検出が可能であり，これまでにも 50 元素同時検出するような ICP 発光分析装置が普及していた．従来の光電子増倍管を用いるポリクロメータでは，測定対象元素の分析線の波長位置に出射スリットを置き，直接あるいはミラーなどの光学系を介して光電子増倍管で検出を行っていた．このため，ローランド円上に配置する出射スリットや光電子増倍管の物理的な大きさにより，測定できる発光線の波長や本数が制限され，最大でも 50 元素程度の同時測定が限界であった．また，あらかじめ出射スリット位置を設定するために，決められた元素の測定しかできず，任意の元素や任意の波長を選択して測定することはできないという欠点があった．

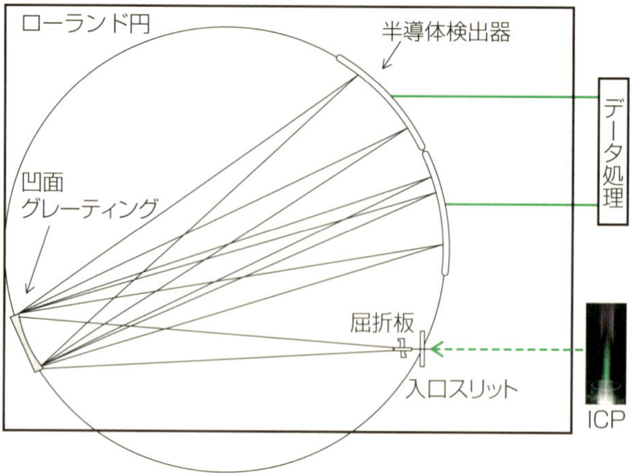

図 3.9 パッシェンールンゲマウンテェング方式の分光器の原理図

最近では，ローランド円上に複数枚の半導体面検出器を並べるタイプのポリクロメータが市販されている．出射スリット–光電子増倍管に代えて面検出器を用いることで，波長選択の制約を受けずに，任意の波長での多元素同時測定が可能である．また，パッシェンールンゲマウンティング方式は可動部がなく，光学用部品が少ないことも大きな特徴であり，安定で明るい分光システムを作りやすく，また真空／パージタイプの分光器にも応用しやすい．現在では，Ar パージを行い 130 nm～500 nm の波長領域をカバーするポリクロメータと，500 nm 以上の長波長領域を測光する別の小型分光器を搭載して，ハロゲン元素からアルカリ元素まで測定が可能な多元素同時測定型 ICP 発光分析装置も市販されている．このようなタイプの ICP 発光分析装置は主に産業現場での分析に普及している．

3.5 検出器

検出には光電子増倍管（Photomultiplier Tube；PMT）と半導体面検出器が用いられている．光電子増倍管は光電陰極と陽極の間に，一般には 9 段に分割した光電子増倍陽極を配置し，入射光により光電陰極から放出された電子を各陽極で逐次に増倍させて，陽極電流として検出する．光電子増倍管には 500～1000 V の電圧を印加して作動させ，10^6 倍程度の増幅を行うことができる．電流利得（gain）は高電圧を印加するほど高くなるが，熱電子も大きく増幅されてバックグラウンドノイズが大きくなることに注意しなければならない．また，光電子増倍管では光電面の材質により波長応答特性が異なるので，測定する波長領域によって適切なものを選ぶ必要がある．最近では，半導体面検出器の利用が拡大し，光電子増倍管が ICP 発光分析装置に搭載される割合は減っているが，その優れた光学特性は高感度測定には欠かせない検出器である．

半導体面検出器としては，CCD（Charge Coupled Device）や CID（Charge Injection Device）などの光電子変換素子が開発され，エシェル分光器を中心に分光システムに搭載されている．半導体面検出器では 512×512 ピクセルの検出器が主に使われているが，データ読み込み速度を向上させる目的で頻繁に測定に利用する波長領域に相当するピクセルだけを利用するタイプのものもある．波長検出にはおおむね一つのピークを波長方向に 3 ピクセルで検出する系が多い．ただ，ピーク周辺のスペクトルを子細に測定するような場合には，スリットを微小距離だけ移動させて波長をずらし，該当するスペクトル領域を 7～9 ピクセルで測定するようなこともできる．半導体検出器の場合の最大の課題はブルーミング（一つのピクセルに蓄積された電荷が飽和して隣のピクセルに染み出す現象）をいかに抑制するかという点にある．ブルーミングが生じると波長分解能が低下し，強度に対する直線的な応答性が低下する．ただ，最近の半導体検出器ではデータ処理機能も含めて制御することから，ブルーミングによる感度低下はほとんど心配する必要がないとも言われている．

3.6 プラズマの測光

プラズマに導入された試料は，プラズマ中心部を下から上へと移動する過程でプラズマのエネルギーを受け取り，脱溶媒，気化，原子化，イオン化，励起のそれぞれの段階を経て，最終的には発光に至る（**図 3.10**）．誘導コイルから高周波のエネルギーを直接受け取ってプラズマを形成する領域は誘導領域（Induction Region）と呼ばれ，この領域では試料は脱溶媒，気化されて主に酸化物として存在する．その上部は放射開始領域（Initial Radiation Zone）と呼ばれ，主に酸化物の発光が見える．さらに，その上部は通常分析領域（Normal Analytical Zone）と呼ばれて，試料中元素は原子あるいはイオンまで解離した状態で励起され，それぞれの発光が最も強く観測される領域であ

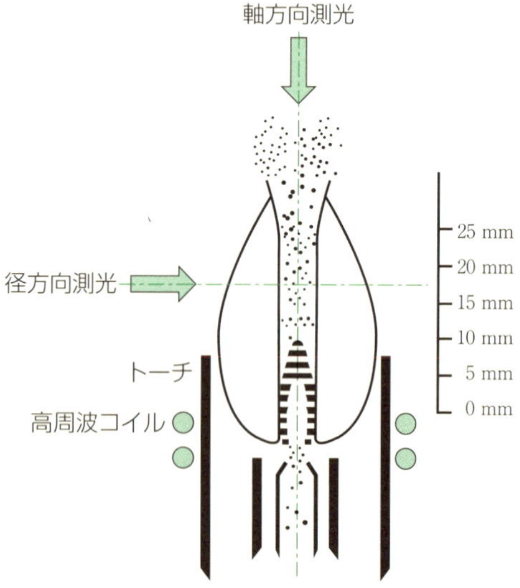

図 3.10 プラズマの測光方式

る．その名の通り，通常の測光はコイルから 15-18 mm 上に位置するこの領域で行うことが分析的には最も有利である[2)]．

プラズマの測光方式にはラジアル（径方向）測光とアクシャル（軸方向）測光がある．ラジアル測光は ICP 開発当初から行われている測光方式であり，プラズマの軸方向と直角の方向（横方向）から上述の通常分析領域（コイル上方 15～18 mm）を観測する．これまでも繰り返し述べているように，ICP の最大の特徴はドーナツ構造にあり，測定元素は比較的低温のプラズマ中心部を効率よく通過して励起・発光するが，プラズマの外周部や周囲には対象元素の原子やイオンはほとんど存在しない．すなわち，プラズマ周辺部に存在する冷えた原子（基底状態の原子）がほとんど存在しないために，自己吸収の影響を受けることなく測光が可能である．ICP 発光分析が 7 桁程度の広いダイナミックレンジを持つ理由はここにある．一方，プラズマの軸方向でプラズマ温度が変化するために，元素によって測光の最適位置が異なることになり，ラジアル測光では測光位置の選定は重要な測定条件となる．

アクシャル測光はプラズマの軸方向からドーナツ構造の中を覗き込むように測光する方法である．アクシャル測光では試料の移動方向に沿って測定するために，ラジアル測光に比べて測光する領域が長くなり，ラジアル測光よりも測定感度が 1 桁程度向上する．しかしながら，ドーナツ構造に由来する光源として優れた特性を利用しにくくなることから，ラジアル測光に比べて自己吸収などの影響を受けやすく，ダイナミックレンジは 3 桁程度まで低下し，また，マトリックスの影響も受けやすくなる．アクシャル測光は低マトリックス試料を高感度に分析する場合になどには有利である．

3.7 ICP 発光分析装置の感度と干渉

ICP 発光分析装置を用いて分析を行ううえでの基本的な情報として，各元素の大まかな測定感度および干渉について要点のみをまとめる．**表 3.1** に最近の ICP 発光装置において各元素の測定に広く用いられる測定波長とその次数および検出限界を示す．この検出下限は各波長におけるブランク強度の 3σ に相当する濃度であり，実際に測定して得られた例である．ICP 発光分析ではおおむねサブ ppb～ppb の濃度を検出限界として，0.1% 程度の高濃度のものまで測定することができる．さらに高感度な分析法である ICP 質量分析法では，ICP 発光分析法よりも 3 桁程度高感度であるが，高濃度の試料の直接測定には適さない場合が多く，両分析法を補完的に適用することで，主成分元素から超微量元素までの分析が可能である．表 3.1 に示した値は装置の性能を表す検出限界であり，大雑把に言えば，実際にこの濃度の試料を測定した場合には測定精度が 50% 程度となるような値である．測定精度を 20% 程度で測定しようする場合には，検出限界よりも 3 倍程度高い値を定量の目安（定量限界）と考えたほうがよい．また，これらの値は希酸に元素が溶存するような系を測定した場合の値であり，マトリックスなどを含む実試料の分析では，さまざまな干渉の影響を受けて定量限界はさらに劣化する．実際の分析では，それぞれの試料において定量限界を十分に検討することが必要である．

分光分析おける干渉は，物理干渉，化学干渉，イオン化干渉，分光干渉に大別される．物理干渉とは試料の密度や粘性の違いなどにより試料導入量が変化することに起因する物理的な干渉であり，化学干渉とはプラズマ中での元素とその酸化物の解離平衡により測定対象元素の原子存在数が変化することに起因する干渉であり，イオン化干渉とはプラズマ中にイオン化されやすいマトリックスが導入された際に測定対象元素の原子とイオンの平衡が変化することに起

表 3.1 最新の ICP 発光装置の典型的な感度（検出限界値）

元素記号	元素名	波長（nm）	[次数]	検出限界（μg/L）
Ag	銀	328.162	[1]	1
Al	アルミニウム	167.079	[1]	0.3
As	ヒ素	189.040	[1]	5
Au	金	242.795	[3]	1
B	ホウ素	249.773	[3]	0.4
Ba	バリウム	455.403	[2]	0.05
Be	ベリリウム	313.042	[1]	0.04
Bi	ビスマス	223.061	[3]	4
Br	臭素	154.065	[1]	30
Ca	カルシウム	393.366	[2]	0.04
Cd	カドミウム	214.438	[3]	0.1
Ce	セリウム	413.765	[2]	4
Cl	塩素	134.724	[1]	80
Co	コバルト	228.616	[3]	0.4
Cu	銅	324.847	[1]	0.5
Cr	クロム	205.552	[3]	0.4
Fe	鉄	259.940	[3]	0.2
Ga	ガリウム	294.450	[1]	5
Gd	ガドリニウム	342.247	[2]	1
Ge	ゲルマニウム	209.426	[3]	4
Hg	水銀	194.227	[3]	3
Hf	ハフニウム	277.336	[3]	4
K	カリウム	766.940	[1]	3
La	ランタン	379.844	[2]	1
Li	リチウム	670.784	[1]	0.04
Mg	マグネシウム	279.553	[3]	0.05

Chapter 3

元素記号	元素名	波長（nm）　[次数]	検出限界（μg/L）
Mn	マンガン	257.610　[3]	0.1
Mo	モリブデン	202.630　[3]	0.5
Na	ナトリウム	588.995　[1]	0.2
Nb	ニオブ	309.418　[2]	4
Nd	ネオジム	401.252　[2]	3
Ni	ニッケル	221.647　[3]	0.5
P	リン	178.289　[1]	4
Pb	鉛	220.353　[3]	2
Pd	パラジウム	340.458　[2]	4
Pr	プラセオジム	390.844　[2]	6
Pt	白金	214.423　[3]	4
S	イオウ	180.734　[1]	4
Sb	アンチモン	206.833　[3]	3
Se	セレン	196.090　[2]	6
Si	ケイ素	251.611　[3]	1
Sn	錫	189.989　[2]	6
Ta	タンタル	226.230　[3]	3
Te	テルル	214.281　[3]	6
Th	トリウム	401.913　[2]	5
Ti	チタン	334.941　[2]	0.3
Tl	タリウム	190.855　[1]	5
V	バナジウム	309.401　[1]	0.5
W	タングステン	207.911　[3]	3
Y	イットリウム	371.030　[2]	0.2
Zn	亜鉛	213.856　[3]	0.1
Zr	ジルコニウム	343.823　[2]	0.5
U	ウラン	367.007　[2]	10

【出典】エスアイアイ・ナノテクノロジー株式会社提供.

因する干渉であり，また，分光干渉とはプラズマ中に存在する元素や分子の発光線や連続発光が相互に重なることに起因する干渉である．このうち，ICP 発光分析では物理干渉と分光干渉が測定に大きな影響を及ぼすことが知られている．分光干渉に関しては，分光システムのところで述べたように，分光器の分解能を高めることが基本的な干渉回避策であるが，現実的には高分解能分光器でも対応が難しい場合も多く，ICP 発光分析ではさまざまな工夫を凝らしてして干渉の除去や回避が行われている．それぞれの干渉の詳細と原因，および干渉除去の方法に関しては Chapter 4 を参考にされたい．

参考文献

1）A. C. Broekaert, G.Tölg, P. W. J. M. Boumans Ed：*Inductively Coupled Plasma Spectrometry Part II*, p.432, Wiley Interscience, New York（1987）.

2）N. Furuta：*Spectrochim. Act*, **40 B**, 1013（1986）.

参考図書

- 日本分析化学会編：『原子スペクトル分析』丸善（1975）.
- 原口紘炁：『ICP 発光分析の基礎と応用』講談社サイエンティフィク（1986）.
- 原口紘炁他：『ICP 発光分析法』共立出版（1988）.
- 中原武利：『原子スペクトル　測定とその応用』学会出版センター（1989）.

Chapter 4

分析上の課題と波長の選択

ICP 発光分析法は類似の目的で使用される原子スペクトル分析法の中では干渉が少ない手法であると言われている．しかしながら実際の分析を行ううえでは種々の干渉が存在するので，「分析の目的」に応じて干渉に注意を払う必要があり，また適切な補正法を考慮する必要がある．

4.1 はじめに

正確な分析を行うためには，まず装置の性能を把握する必要がある．JIS K 0116「発光分光分析通則」[1]ではICP発光分析装置の使用判定項目として以下の5項目を挙げている．

① バックグラウンド等価濃度（BEC）
② 短時間安定性
③ 長時間安定性
④ 装置検出下限（ILOD）
⑤ 方法定量下限（MLOQ）

詳しくはJISを参照していただきたいが，ここで簡単に解説する．

装置の使用に当たってはこれらの数値がどのレベルにあるのか把握／検証しておくことが重要である．

4.1.1 バックグラウンド等価濃度（BEC）

バックグラウンド等価濃度（Background Equivalent Concentration）とは，測定波長におけるバックグラウンドがその元素の濃度にして，どのくらいとなるかを算出した値である．発光分析の装置で表示される発光強度は装置に固有の換算が行われて表示されるため実際の物理量の単位では表示されない．このため，装置で表示される発光強度の値では装置間の性能比較は困難である．この問題を解決するために，BECは検量線の傾きを表すためのパラメーターとして定義された．この値が小さいほど検量線は立ち上がっていることになる．

4.1.2 短時間安定性

2，3分から10分程度のごく短い時間での装置の安定性を評価するパラメーターで，BECの100倍程度の濃度で評価する．

4.1.3 長時間安定性

機器の設置環境・設定条件などを加味して長時間にわたる装置の安定性を評価する．30分間隔で3時間の安定性を測定する．

4.1.4 装置検出下限

検量線用ブランク液に対する発光強度の変動の標準偏差（σ）を測定し，この3倍の値（3σ）を濃度に換算したものとして定義している．現在では装置の検出下限を表す数値として，この値を使用しているメーカーが多い．

4.1.5 方法定量下限[†1]

これまでの4項目が装置の性能を示すパラメーターであったのに対し，この項目は分析法全般を通じての定量下限を評価するものとして利用される．

[†1] 方法定量下限は操作ブランクを連続10回測定したときに得られる信号の標準偏差の14.1倍の信号を与える濃度として定義されている．

4.2 物理干渉とネブライザーにまつわる問題

ICP 発光分析法による分析（定量）では試料の導入は通常，ネブライザー（噴霧器）を用いて試料（試験）溶液を霧化することによって行われる．最も一般的に使用されているガス圧を利用して霧を発生するニューマティックネブライザーの場合，発生する霧の粒径分布は試料溶液の密度・粘性などによって決まる．このため検量線作成用標準液と試料溶液の液性が異なる場合にはそれぞれの溶液のプラズマへの導入効率に差を生じることとなる．この干渉はネブライザーを使用する機器では必ず発生するが，ICP 発光分析ではネブライザーに流されるガス流量が 1 L/min 以下のことが多く，フレーム原子吸光法と比較してかなり少ないため，物理干渉が相対的に強く現れる．物理干渉が発生する要因は，試料溶液の酸濃度，塩濃度などであるがこのほかに試料液面の高さの影響などが出ることもある．最近の装置は試料送液用のペリスタルティックポンプを装備しているものも多く，このような場合には物理干渉の発生は多少軽減できる．**図 4.1** には酸濃度を変化させた場合の信号強度の変化をペリスタルティックポンプの有無と軸方向測光・ラジアル測光で評価したものを示す．物理干渉の補正には内標準法が一般的に使用される．

4.2.1 ネブライザー

ICP 発光分析が開発された当初は種々のタイプのネブライザーが用いられていた．中でも代表的なものはクロスフロー型と同軸型であった．**図 4.2** にはガラス同軸型，クロスフロー型の概念図を示す．

クロスフロー型は塩による目詰まりが起きにくいなどの利点はあったが直行するガラスキャピラリーの軸調整が難しいことや経時変化が起きやすいなどの

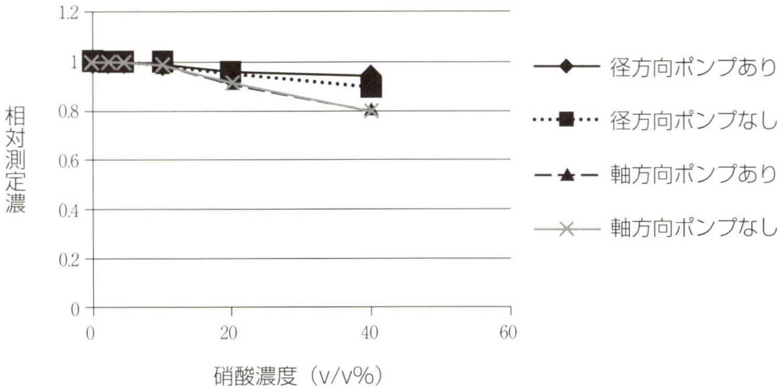

図 4.1　物理干渉（硝酸濃度の影響）

硝酸濃度：試料溶液中の硝酸濃度（体積%）
相対測定濃度：Mn 10 mg/L 溶液の定量結果を，硝酸量 0% で規格化した値
標準液は硝酸量 0%

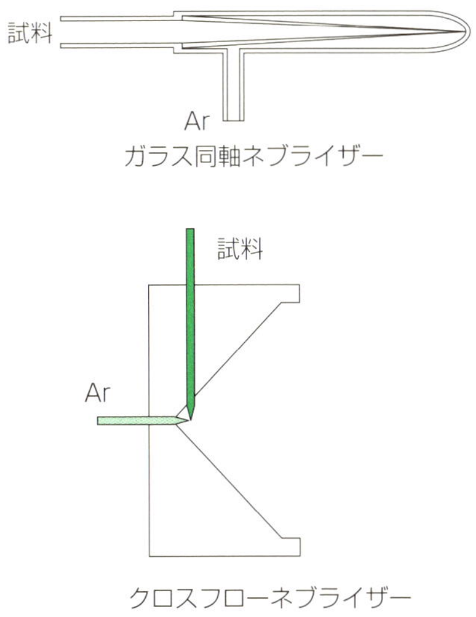

図 4.2　ネブライザー

欠点があったため，その後の技術的な進歩もあり，現在では標準品としてガラス製の同軸型を装備している装置が大半である．特に目詰まりに関しては耐性の高いタイプが開発され，海水の直接分析が可能なものも市販されている．石英製の製品もあるが，ICP 発光分析で現在使用されているものはガラス製のものが多い．これらのタイプでは当然フッ化水素酸溶液を取り扱うことはできない．このため PEEK や PFA などを構成材料とする耐ふっ酸性のネブライザーも各種市販されている．ネブライザーの形状・寸法は比較的規格化されているため異なったタイプのネブライザーへの交換が容易なことも特筆するべきことである．

4.2.2 ネブライザーのつまり

ネブライザーを使用するうえで問題となるのは「つまり」と言われる現象である．

これは塩濃度の高い試料を噴霧したときに時間とともに発光強度が変化する症状として現れる．現実に起きていることはいわゆる「つまり」とは多少異なるのでそれを理解しておくことが的確な対策にとって重要である．「つまり」という言葉の持つイメージからすると，先端に向かってだんだん細くなる中央の試料導入管（**図 4.3** の A）に文字通り沈殿やごみが詰まるということを想起しがちである．もちろんこういうトラブルもないわけではないが，これに対しては「試料をろ過する」，あるいは「沈殿のある試料は取り扱わない」などの常識的対応で対処できる．

これに対して，現実にネブライザーの「つまり」と言われる障害は高塩濃度の試料中の塩が乾燥してネブライザーの先端部（図 4.3 の B）に付着し，キャリヤーガスの出口をふさぐことによって起きる．キャリヤーガスの出口が狭くなることによって噴霧効率が変化し発光強度のドリフトが発生する．このドリフトは一般的には強度の低下方向であるが，装置のガス制御の方式や測定元素・波長などによっては強度の増加を示すこともあるので注意が必要である．キャリヤーガスの出口がふさがってくるので，ガス制御が圧力制御の場合にはガス流量の低下が起き，マスフローコントローラーを使用している場合にはガ

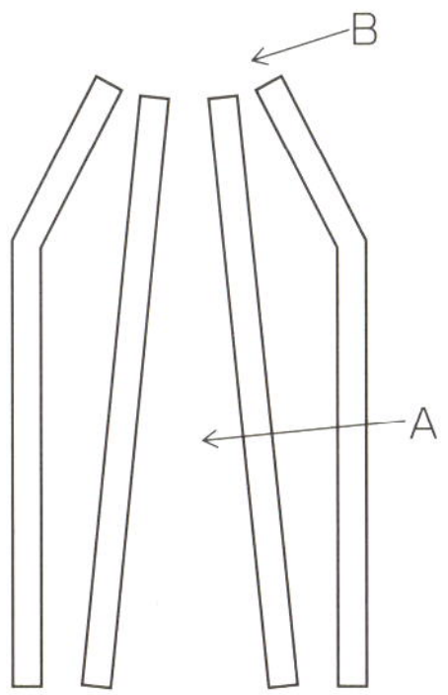

図 4.3 ネブライザーのつまり

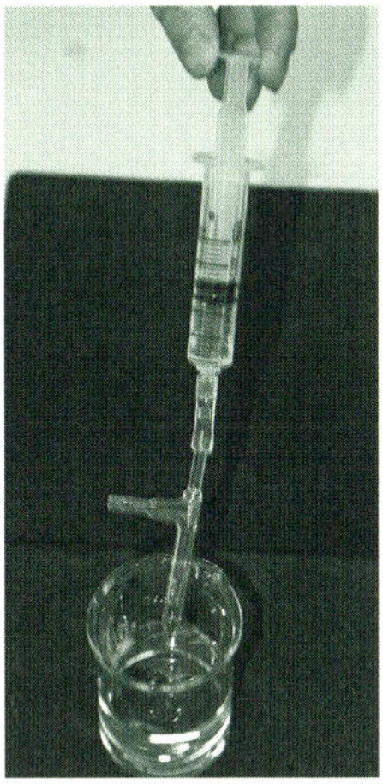

図 4.4 ネブライザーの洗浄

ス供給圧の上昇が起きる．したがって，これらの数値をモニターすればネブライザーの「つまり」を把握できる．

ネブライザーが詰まった場合にはそのまま放置することなく直ちに洗浄することが必要である．塩や沈殿が付着した状態で乾燥させてしまうと汚れが取れにくくなり，はなはだしい場合にはネブライザーが使用不能になってしまうこともある．洗浄方法は**図 4.4** に示すようにネブライザーの先端部から純水を逆向きに流すことによって行う．注射器をネブライザーの試料吸い込み口にタイゴンチューブで接続して先端から純水を吸い込む方法が最もネブライザーを傷める可能性が低い安全な方法である．この方式を利用したネブライザー洗浄器も市販されている．ガラスネブライザーは破損しやすいため超音波洗浄あるいはワイヤーによる洗浄などは絶対に行ってはならない．洗浄後のネブライザーは吸引試験を行いキャリヤーガス流量とネブライザーの負荷圧を確認する．塩類の乾燥付着について「何％くらいまで大丈夫ですか」という質問がよくある．これについては塩の種類が変わるとネブライザーのつまりに対する挙動が大きく変化するため，何％なら大丈夫という値は一概に言えない．一般論として言えることは溶けにくい塩はつまりやすいということで，言い換えるとその塩の飽和濃度に近い溶液は詰まりやすいということである．分析化学で行われる塩濃度が高くなる前処理として溶融法があるが，特にホウ酸塩を使用する場合や過硫酸カリウムを使用する場合には，ネブライザーのつまりが発生しやすく塩濃度に注意が必要となる．また，たまたま汚れが付着しているネブライザーを使用するとそこからつまりが急速に拡大することもあるのでネブライザーの先端部は常に汚れのない状態で使用することが重要である．

4.2.3 スプレーチャンバー

スプレーチャンバーの役割はネブライザーで生成する霧の中から粒径の細かいものだけを弁別してトーチへ導くことにある．これもかってはスコット型といわれる円筒形のものが主流であったが，現在では，感度・メモリーの点などで優位性の高いサイクロン型が主流となっている．**図 4.5** にはスコット型とサイクロン型の一例を示す．

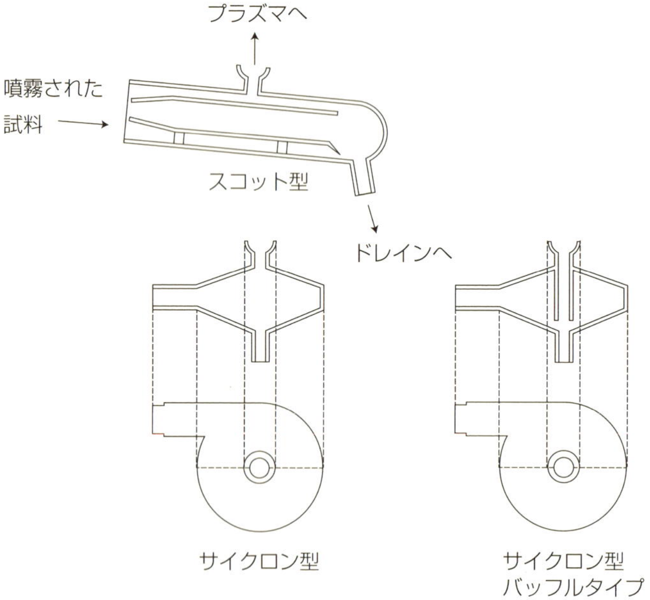

図 4.5　スプレーチャンバーの例

サイクロン型は遠心力を利用し，霧の粒径弁別を行う．

4.3 化学干渉

化学干渉はICP発光分析では発生しないと言われている.

図4.6には原子スペクトル分析の原子化源や励起源の内部における元素の状態の変化を示したものである.カウンターイオンと結合した状態でICP内に導入された元素は第一段階として

$$MX \rightarrow M + X \tag{4.1}$$

の反応を起こし,基底状態の原子となる(原子化).この反応が完全に進めばこの段階に対する干渉はなくなるが,現実には原子化源や励起源のエネルギー(温度)とカウンターイオンXの目的元素Mに対する結合エネルギーによっては原子化が阻害されることがある.代表的な例が原子吸光法におけるCa分析に対するPやAlの干渉である.

この場合には難解離性の化合物が生成するために原子化が大きく阻害される.一般的にはこの種の干渉を指して化学干渉という.

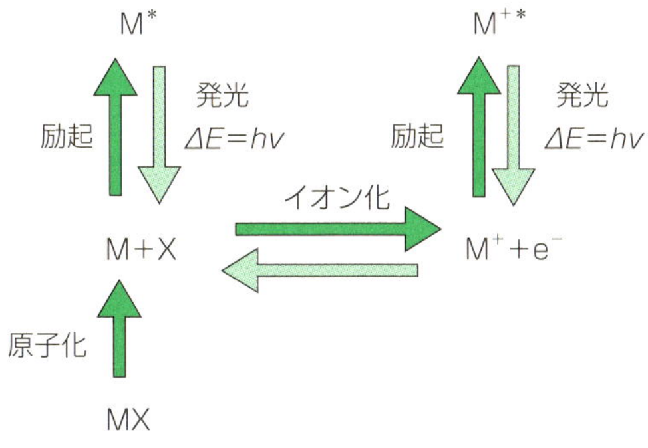

図4.6 プラズマ中での元素の挙動

ICP発光分析では励起源であるプラズマの温度が高いため化学干渉はほとんど問題とならないといわれており,現実問題として明確にこの干渉が現れた例はない.ただしマトリックスを含む試料では化学干渉以外の干渉(物理干渉・イオン化干渉など)は発生するので干渉がないと考えるのは危険である.

4.4 イオン化干渉

4.4.1 イオン化干渉発生の機構

原子化した元素は次の段階として励起され，励起状態から基底状態に戻るときに発光する．図 4.6 の左半分にはその変化を図示しているが，この過程で発光する光を中性原子線という．励起源内での反応がこれだけであれば話は単純化できるのであるが，ICP の中では電子密度が非常に高いために電子と中性原子の衝突が頻繁に起こり，多くの元素が高い割合でイオン化している．計算でも多くの元素が 90% 以上イオン化している[2]と報告されている．実際にも ICP 発光分析では図 4.6 の右半分に示す，元素がイオン化した後に励起発光する過程が大きな比重を占めており，多くの元素でこの過程で発光するイオン線が最高感度の分析線となっている．**図 4.7** には ICP 発光分析で中性原子線あるいはイオン線のどちらが主たる分析線になっているかを元素ごとに示す．

中性原子線とイオン線の強度は当然励起源内に存在する基底状態の中性原子とイオンそれぞれの数に依存する．中性原子とイオンの割合はプラズマの温度や電子密度によって決定される．プラズマの温度が一定と仮定した場合には下に示す反応においては，電離平衡式（4.2）が成立する．

$$\mathrm{M} \leftrightarrow \mathrm{M}^+ + \mathrm{e}^- \tag{4.2}$$

$$\mathrm{k} = \frac{[\mathrm{M}^+][\mathrm{e}^-]}{[\mathrm{M}]} \tag{4.3}$$

ここで $[\mathrm{M}]$ $[\mathrm{M}^+]$ $[\mathrm{e}^-]$ は中性原子，イオンおよび電子のプラズマ中濃度を表す．式（4.3）から $[\mathrm{e}^-]$ によってイオン化率が変化することがわかる．プラズマ内の電子密度は Ar が電離することによりかなり高いレベルにあり，

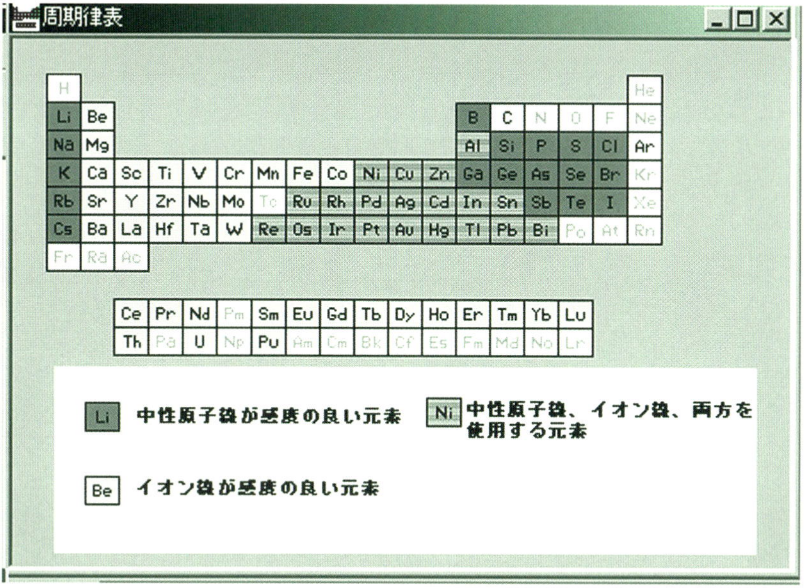

図 4.7 ICP 発光分析における中性原子線とイオン線の一般的な選択

通常はマトリックスによっては大きく変化しないと考えられており，この点からイオン化干渉は大きくないと言われていた．しかしながら，プラズマの軸方向測光の普及にともない，従来の径（ラジアル）方向測光ではあまり問題でなかったイオン化干渉に注意を払う必要が生じている．通常の測定ではプラズマの電子密度を大きく動かす要因はアルカリ金属やアルカリ金属などのイオン化しやすい元素（Easyly Ionizable Elements）の存在で，これらが大量にプラズマに導入されるとEIE元素が電離して大量の電子を生じ電子密度が増加する．この結果，プラズマ内での元素のイオン化は抑制され（図 4.6 あるいは式（4.2）において左方向へ反応が進む），発光線の強度を見ると，中性原子線は増加しイオン線は減少する．実際に試料液中の Na 濃度を変化させた場合の発光強度の測定例を**図 4.8** に示す．この図に示すのは中性原子線である Cd 228.802 nm とイオン線である Cd 214.440 nm および Cd 226.502 nm の Na 共存下での強度変化である．Na の存在によって物理干渉も起きるために発光強度は全体的には低下しているが，その傾向は中性原子線とイオン線で顕著な開きがあり，イ

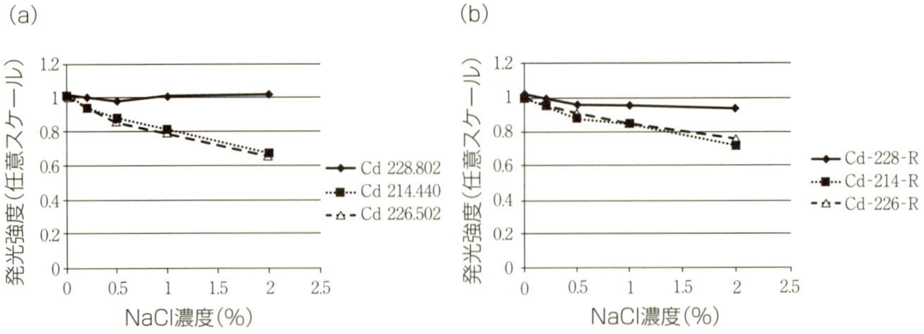

図 4.8 試料溶液中の NaCl 濃度に対する Cd の発光線強度の変化

（a）軸方向測光，（b）径方向測光.

オン線を使用した場合には低下率がより大きくなっている．また，径方向測光と軸方向測光の比較も図に示すが，軸方向測光のほうがイオン化干渉の発生がより顕著に認められる.

4.4.2 中性原子線とイオン線の区別について

それぞれの分析線は中性原子線かイオン線のどちらかに帰属するが，内標準元素の選定やイオン化干渉の推定などのためにはどちらの種類の発光線かを知っておくのは有用である．通常この区別は Cd(Ⅰ) 228.802 nm，Cd(Ⅱ) 214.44 nm のようにⅠまたはⅡをつけて表示され，Ⅰが中性原子線を，Ⅱがイオン線を表す．実際の測定では両方の輝線が使用されるが，アルカリ金属を除いては図 4.7 に示すように，おおむね周期表の左側に位置する元素はイオン線を，右側に位置する元素は中性原子線を用い，また中央部分の元素は両方を使用することが多い．環境分析関係で測定される元素の代表的な分析波長についてその種別を**表 4.1** に示しておく.

4.4.3 アルカリ金属測定時のイオン化干渉

アルカリ金属（Li，Na，K）の測定波長は原子吸光法で使用されているもの

表 4.1　分析に使用される発光線の種類

元素	波長（nm）	発光線の種類	検出下限（ppb）
Cd	214.438	Ⅱ	0.1
Cd	226.502	Ⅱ	0.2
Cd	228.802	Ⅰ	0.3
Pb	220.353	Ⅱ	1
Pb	216.999	Ⅰ	3
Pb	261.418	Ⅰ	7
Pb	405.783	Ⅰ	10
Cr	267.716	Ⅱ	0.1
Cr	205.552	Ⅱ	0.3
Cr	206.149	Ⅱ	0.4
As	188.979	Ⅰ	4
As	193.696	Ⅰ	5
As	197.197	Ⅰ	7
Se	196.026	Ⅰ	5
Se	206.279	Ⅰ	8
Hg	194.227	Ⅱ	2
Hg	253.652	Ⅰ	5
Fe	238.204	Ⅱ	0.21
Fe	259.940	Ⅱ	0.2
Mn	257.610	Ⅱ	0.05
Mn	259.373	Ⅱ	0.1
Mn	260.569	Ⅱ	0.1
Zn	213.856	Ⅰ	0.1
Zn	202.548	Ⅱ	0.2
Zn	206.200	Ⅱ	0.4
Cu	324.754	Ⅰ	0.5
Cu	327.396	Ⅰ	0.5
Cu	224.700	Ⅱ	1
Cu	213.598	Ⅱ	1
Ni	221.647	Ⅱ	0.5
Ni	231.604	Ⅱ	0.5
Ni	232.003	Ⅰ	1

発光線の種類　Ⅰ：中性原子線　Ⅱ：イオン線

と同じで中性原子線である．アルカリ金属は1価の元素で最外殻電子を一つしか持たないため非常に低いイオン化エネルギーでイオン化する．ところが生成したイオンはもともと存在していた最外殻電子がなくなり不活性ガスと同じ電子配列をとるため，励起に必要なエネルギーは20 eV以上となり，非常に励起されにくくなるので，Arプラズマのエネルギーでは励起することができない．このためプラズマ中では発光に寄与しない大量の基底状態のイオンと極くわずかな割合の中性原子が存在している．この状態でマトリックスなどの影響でイオン化率を変動させる要因が働くと，もともと存在割合の低い中性原子は大きな比率で変動してしまい，見かけ上非常に大きなイオン化干渉が発生する．この現象は原子半径が大きいほど顕著になるため，Li＜Na＜K＜Rb＜Csの順に干渉の程度は大きくなる．また各元素の検出感度は原子半径が大きいほど低下する．一般的な測定ではKを測定する場合に他のアルカリ金属が共存するケースでは特に注意が必要となることが多い．

4.4.4 軸方向測光とイオン化干渉

イオン化干渉はその性質上プラズマ内の電子密度の高い領域では発生しにくく，一方，電子密度の低い領域では強く影響される．径方向測光の場合には比較的電子密度の高い領域のみを測定することが多く，イオン化干渉は比較的低いレベルに抑えられる．これに対してプラズマの長軸方向から測光する軸方向測光ではプラズマの低温部（電子密度の低い部分）での発光も測定してしまうため相対的に電子密度の変化が大きくなりイオン化干渉の影響を受けやすくなる．

4.4.5 内標準法によるイオン化干渉の補正

イオン化干渉の補正には標準添加法が効果的であるが，多元素分析に使用されることが多いICP発光分析ではその運用に手間がかかり現実的でない．このため内標準補正による方法が検討されている．この場合の内標準の効果は中性原子線とイオン線の違い，あるいは測定波長によって変化するため，測定元素に対して有効な内標準元素とその波長の選択が重要になる．内標準元素およびその波長選択の指針は次のとおりである．

① 試料中に含まれず定量結果に悪影響を与えないこと
② 中性原子線，イオン線を測定元素のそれと合わせる
③ 周期表上の位置が分析元素に近い元素を選択する
④ 分析波長と近い波長を内標準測定波長にする

現実にはこれらの要件を完全には満たせないので，分析の目的に合わせた検討が必要となる．

コラム 原子吸光分析法での干渉

原子吸光分析法で問題となる干渉はICP発光分析法の場合と大きく異なっている．ICP発光分析法は物理干渉，イオン化干渉そして分光干渉が主な干渉であるのに対して，原子吸光分析法では化学干渉が主要な干渉となる．化学炎あるいは黒鉛炉を原子化源とする原子吸光分析法では，その温度がたかだか3000 K程度とICPに比べてかなり低温であるために，熱媒体中には試料に由来するさまざまな化学種が十分に分解されることなく存在する．また，化学炎中には燃料ガスや助燃ガスに由来するさまざまなラジカルが存在し，化学炎を維持するために種々の化学反応が進んでいる．このため，原子吸光分析法では熱媒体中の化学種やラジカルに起因する化学干渉に十分な注意を払う必要がある．一方，イオン化干渉はアルカリ元素やアルカリ土類元素を測定する際，特にマトリックス中に多量の非測定アルカリ元素が存在する場合などに観測されるが，その影響の程度はICPに比べ少ない．また，原子吸光分析法ではホローカソードランプなどの単一元素の輝線を光源としてその吸収を測定するために，比較的簡単な分光システムを用いても，熱媒体から放射されるさまざまな発光からくる分光干渉の影響を受けることは少ない．さらに，使用する燃料ガスや助燃ガスの量が多いことから，物理干渉もほとんど観測されない．

4.5 分光干渉

発光分析においては試料中に含まれるほとんどの元素が同時に発光するために目的元素の分析波長に対するほかの元素の輝線スペクトルの影響が問題になる．分光干渉は理論的には分光器の性能を向上させれば解決するはずであるが，現実問題として無限大に性能のよい分光器は存在せず，分光干渉を完全に回避することは不可能である．一番の対策は影響を受けない分析波長を使用することであるが不可能な場合も多く，このような場合には分光干渉のパターンによっていくつかの補正方法がある．

4.5.1 マトリックスによってバックグラウンドが上昇する場合

図 4.9 には Al 396.15 nm に対する Ca の干渉を，**図 4.10** には Pb 220.35 nm に対する Al の干渉を示す．この二つのケースではマトリックスの強い輝線がやや離れた波長にあるため，バックグラウンドがほぼ並行または傾斜して上昇しているケースである．このような場合には図に示すピークの頂点から左右にずらした位置の強度を測定することにより，ピーク位置でのバックグラウンド強度を推定する手法が行われる．この方法は最も一般的な分光干渉の補正方法である．

4.5.2 近接線が存在する場合

図 4.11 には P 213.617 nm に対する Cu 213.597 nm の干渉の例を示す．この場合には分析線と干渉線の距離が短く，上述したバックグラウンド補正の方法では適正な補正位置を決定することはできない．

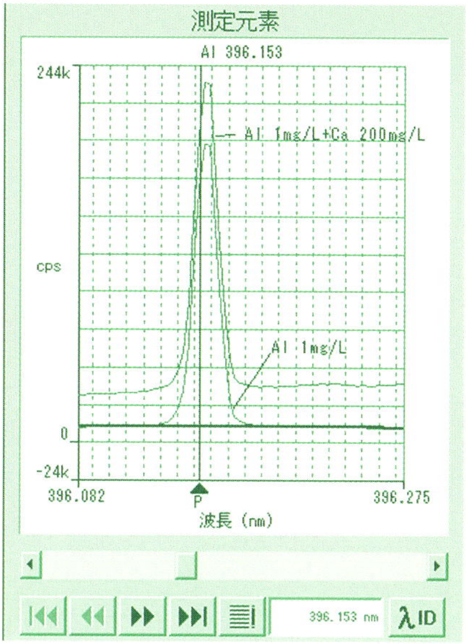

図 4.9 Al 396.1536 nm に対する Ca の干渉

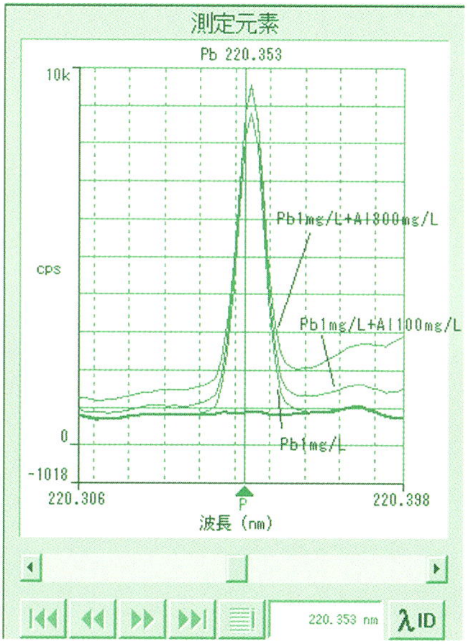

図 4.10 Pb 220.353 nm に対する Al の干渉

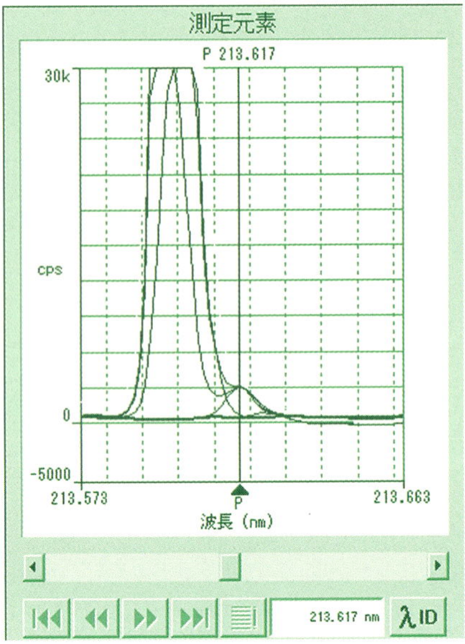

図 4.11 P 213.617 nm に対する Cu の干渉

このようなケースではスペクトル分離の技術を利用した補正法が有効になる．この方法では分析線と干渉線をそれぞれ単独に測定し，試料のスペクトルはこれらが合成されたものであるとして，その形状から分析線および干渉線の強度を演算するものである．ピークの形状による分離を利用するため，干渉線と分析線が完全に重なった場合には利用できないが，両者の波長差があれば有効な方法である．

この方法を用いた場合の信頼性は分析線と干渉線の距離，それぞれの線の強度などが複雑に影響するために必要な場合には合成試料などによって確認を行う必要がある．**表 4.2** にはこの方法を適用した場合の結果を示す．

4.5.3 完全にピークが重なる場合

図 4.12 には Cd 214.44 nm，226.50 nm に対する Fe の干渉の例を示す．この場合は分析線と干渉線の距離が非常に近いため上述の二つの方法では補正が

表 4.2　P 213.617 nm に対する Cu の干渉を補正した例

単位　mg/L

試料 No.	調製濃度		補正なしの実測値	MSF 補正実測値
	P	Cu	P	P
1	2	5	2.8	2.0
2	2	20	5.3	2.0
3	1	50	8.9	1.1
4	0	20	3.3	0

MSF（Multi Spectrum Fitting）：スペクトル分離の技術を応用した定量法

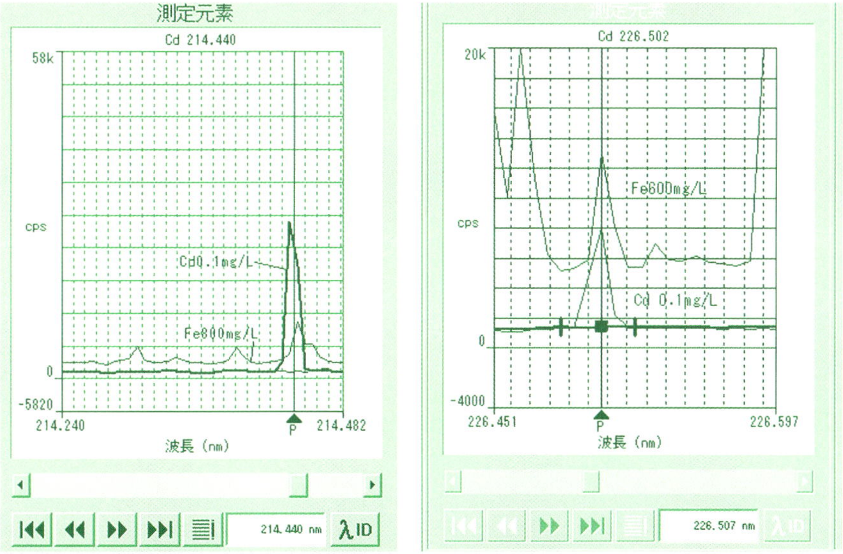

図 4.12　Cd の分析線 214.440 nm および 226.502 nm に対する Fe の分光干渉

難しい．

　このような場合には Fe の単位濃度あたりの Cd としての干渉濃度を求め，その係数と試料溶液中の Fe 実測濃度を掛け合わせて干渉量を求め補正する方法（元素間干渉補正；Inter Elements Correction（IEC））が用いられる．この適用例を**表 4.3** に示す．

この例では，分光干渉の影響を受けない波長 228.802 nm での分析結果と IEC 補正後の結果がよく一致していることから，元素間干渉補正法も有効であることが理解できる．一方，この例では調製濃度に対して実測濃度は 1 割程度低い値になっており，測定試料中に比較的高濃度の Fe を含むことによる物理干渉などが影響しているものと考えられる．

分光干渉を適正に補正しないで測定を行うと，分析値はとてつもなくかけ離れた値になってしまうことがある．物理干渉やイオン化干渉による測定値への影響は数十％の範囲に収まるような誤りで済むことが多いが，分光干渉による誤差量は予測ができない．分光干渉を避けるためには分光器の性能を上げる必要があるが，現在市販されている装置の中で最高性能の分光器を装備したものでも分光干渉は完全には排除できないし，また注意をおろそかにすることもない．分光干渉には常に細心の注意と適正な補正が必要になる．

表 4.3 元素間干渉補正の適用例

単位：mg/L

調製濃度	実測濃度（IEC 補正後）		
	干渉なし	IEC 補正後	
	Cd228.802 nm	Cd214.440 nm	Cd226.502 nm
Cd 0.1 mg/L＋Fe 400 mg/L	0.093	0.090	0.090
Cd 0.1 mg/L＋Fe 600 mg/L	0.090	0.086	0.086
Cd 0.05 mg/L＋Fe 400 mg/L	0.046	0.044	0.044
Cd 0.05 mg/L＋Fe 600 mg/L	0.046	0.044	0.044

4.6 ICP 発光分析の測定手法

実際の分析を実行する場合，どのような検量線作成用標準液を使用し，どのような前処理を行った試料溶液を，どのような補正を行って測定するかは難しい問題である．ICP 発光分析法はマトリックスの影響が少ない方法であるとの見方が定着しており，このため単純な検量線法で測定されることが多いが，分析の目的（希望する感度・精度・正確さ）によっては十分に満足のいく結果が得られないこともある．ICP 発光分析ではいくつかの代表的測定手法があるが，これらの利害得失を十分に理解することが重要である．

4.6.1 検量線法（マトリックス合わせなし）

この方法は目的元素のみで調製した検量線作成用標準液で作成した検量線を使用し，未知試料を定量する方法である．試料と標準液は酸濃度を合わせる程度で特にマトリックスは合わせていない．この方法は本来試料中のマトリックスが希薄な場合に適用される方法である．大づかみに言えばマトリックス総量が 1000 mg/L（測定溶液中）程度まで適用可能である．マトリックスを合わせてないことによる主な誤差要因は以下の二つがある．

① バックグラウンド補正の不正確さによるもの
② マトリックス起因の感度低下によるもの

図 4.13 にはバックグラウンド補正の誤差が発生する例を示す．Al がマトリックスとして含まれている場合，200 nm 付近で Al の二原子分子による連続発光が生じ，大きなバックグラウンドの上昇を与える．このケースではバッ

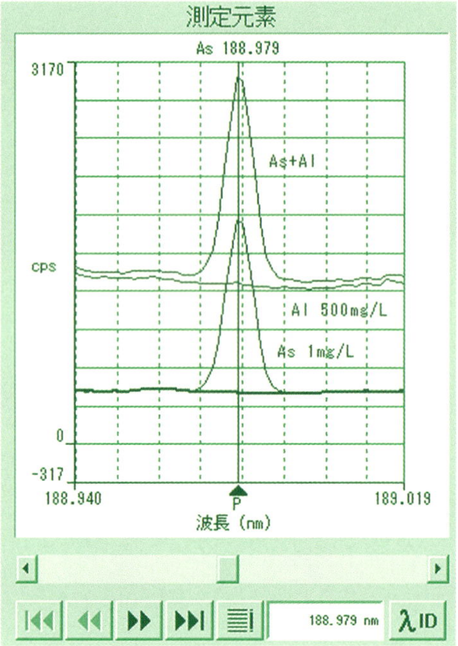

図 4.13 As 188.9 nm に対する Al の分光干渉

クグラウンドの上昇がいわゆる迷光によるものと異なるため，バックグラウンドは単純に並行的に上昇するとは言えず，バックグラウンド補正の位置の取り方によっては微妙な誤差を生じる．またバックグラウンドの上昇によって検出下限の上昇も避けられず，分析の目的によっては大きな問題となる．マトリックス濃度が高い場合には物理干渉，プラズマの温度低下による励起効率の低下，イオン化干渉などが複合して発生し，分光干渉を受けない場合でも検量線の傾きに変化が生じることもある．こういった場合には必要に応じて標準添加法や内標準補正法を採用する．一方，マトリックス濃度が希薄な場合には，検量線の傾きを変化させる主要な要因は酸濃度による物理干渉である．このようなケースでは試料処理に用いる酸の濃度が誤差要因となるので処理の工程に十分な注意を払う．湿式灰化などを行って残留酸濃度の制御が難しい場合には，全体の酸濃度を高いレベルにそろえる，あるいは内標準補正法を適用するなどの工夫が必要となる．

4.6.2
検量線法（マトリックス合わせをする場合）；マトリックスマッチング

鉄鋼や非鉄金属などの素材分析の分野で多用されている手法である．試料中のマトリックスがある程度正確にわかっていることがこの方法の前提となる．多くの場合，金属材料中の微量不純物の定量に用いられる．試料を処理する濃度と同じ濃度で高純度のマトリックスを処理し，これに微量の目的元素を添加し検量線用標準液とする．この方法の利点は以下の点である．

① バックグラウンド補正による誤差を最小に抑えられる
② 物理干渉，イオン化干渉のような検量線の傾きに対する誤差要因は完全にキャンセルできる

これに対し，問題点は極微量領域での値の正確さが検量線のマトリックスに使った高純度品の純度に依存することである．現在，通常のルートで入手可能なものは大半の金属で99.99％程度であり，これ以上の高純度のものを試料として取り扱うことにはかなり困難がある．分析の目的に対して十分な純度の高純度品が入手できない場合には，入手可能な高純度品を何らかの手段（分離分析やICP-MSや電気加熱原子吸光法など）により分析し，その値を元に検量線を作成することも行われる．

4.6.3
標準添加法

この方法は原子吸光法では頻度高く使用される手法である．未知試料に標準物質を既知量添加し，無添加試料と添加試料の信号強度によって検量線を作成し，検量線のX切片から未知試料の濃度を求める（**図 4.14**）．この方法が成立するための前提は濃度＝0のときに信号＝0であることが必要となる．原子吸光法は吸光光度分析法であるため原理的には濃度0のときに吸光度0となる．また，マトリックスが多い場合でも，問題になるバックグラウンド吸収の補正について，D_2ランプ補正法やZeemann補正法などの優れた方法が実用化されており，バックグラウンド補正による誤差を非常に小さく抑えることが実現さ

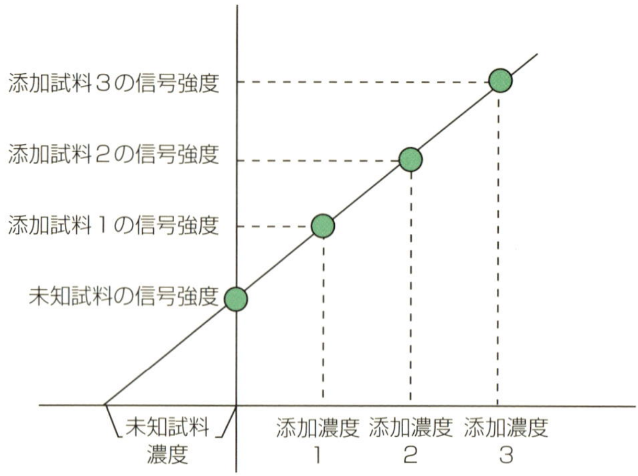

図 4.14 標準添加法

れている．これに対しICP発光分析法ではもともとの信号がかなり高いレベルのバックグラウンドの上に乗るスペクトル線強度である（**図 4.15**）ため，バックグラウンド補正を正確に行うことが標準添加法を行うためには重要である．バックグラウンド発光の成分はArによる連続発光，マトリックス成分による発光，マトリックス成分の近接波長によるピークの裾など種々の要因がある．実際の測定ではこれらを弁別して測定し，補正することは不可能で，バックグラウンド補正はスペクトルプロファイル上でピーク位置からわずかにずらした波長位置における発光強度をもとに補正強度を求める方法しかない（off-peakバックグラウンド補正）（**図 4.16**）．

このため厳密な意味では完全なバックグラウンド補正と言えず，補正位置をわずかにずらすと補正後強度もわずかに変化することが多い．このことは濃度=0のときに信号=0が必ずしも成立しないことを意味する．したがってマトリックス濃度の高い試料中の微量成分を測定対象とする場合にはバックグラウンド補正位置の決め方に細心の注意を払う必要がある．理想的には類似のマトリックスの濃度既知の標準物質で検証を行うべきである．標準添加法が非常にうまくいっている事例と逆の事例を紹介する．

うまくいっている事例としては高濃度食塩水中のCa，Mgの測定である．

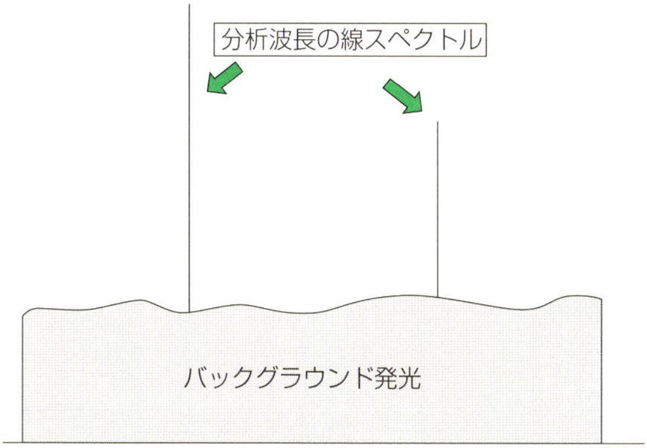

図 4.15　ICP 発光分析のスペクトル

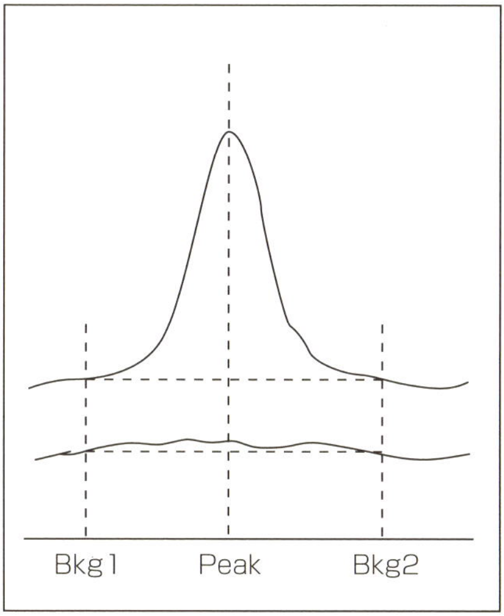

図 4.16　Off-Peak バックグラウンド補正

図 4.17 には NaCl 溶液に対する Ca，Mg のスペクトルプロファイルを無添加，添加試料について測定したものを示す．このアプリケーションは水酸化ナトリウム製造工程の管理において重要な測定であり，ほとんど飽和濃度の食塩水中で ppb レベルの Ca，Mg の測定が要求される．通常は試料を若干希釈して取り扱うが 5% 程度の NaCl を含む状態で測定することが多く，試料に対しては

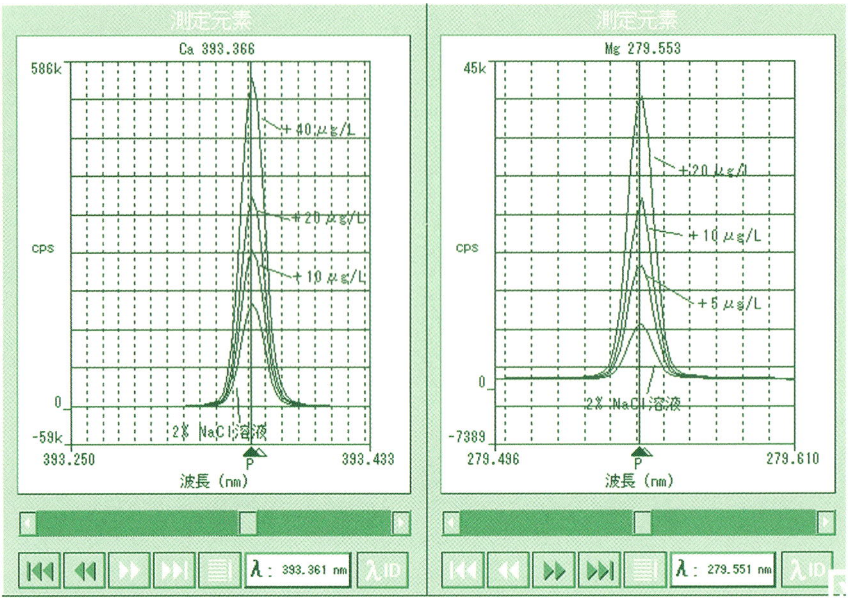

図 4.17 NaCl 溶液中の Ca，Mg の分析（標準添加法）

かなり大きい物理干渉，イオン化干渉をはじめとする多くの干渉が発生する．またマトリックス合わせをした検量線を作成する方法を適用しようとしても，Ca，Mg に対して「きれいな」NaCl は存在せずこの方法も使用できない．この場合重要なことは測定対象となる Ca，Mg が ICP 発光分析では最も高感度で測定できる元素に分類されるため ppb レベルの濃度に対しても十分な信号強度を持ち，上に述べたようなバックグラウンド補正における波長位置による誤差が事実上問題とならないことである．

一方，バックグラウンド補正位置が数値に影響する実例を示す．**図 4.18** には P 213.617 nm のスペクトルプロファイルを示す．この波長の近傍では NO バンドの影響でバックグラウンドに微細な構造があるために，濃度=0 のときに強度=0 として計算すると，補正位置の取り方によって補正後強度が変化してしまい，最終結果に影響を与える．このため純水を測定してバックグラウンド補正後の強度を確認し，これをもとに濃度を算出する方法などが行われてい

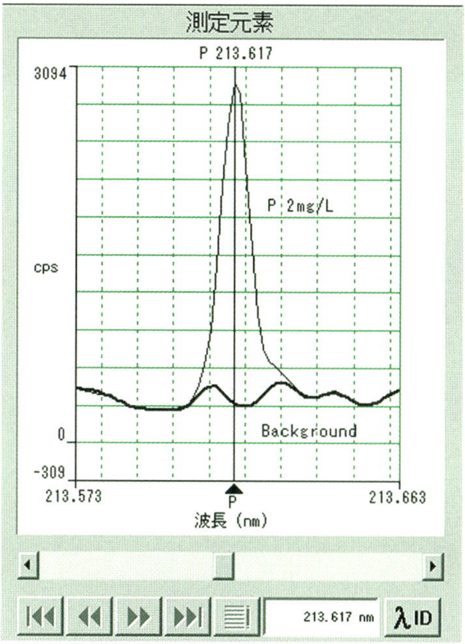

図 4.18　P 213.617 nm のスペクトルプロファイル

る．

以上述べたように，標準添加法をICP発光分析で採用するためにはバックグラウンド補正に細心の注意が必要となる．また多元素分析というICP発光分析の目的からすると標準添加法は試料の扱いが煩雑になるため，使用頻度はやや少ない方法ともいえる．

4.6.4 内標準補正法（強度比法）

JIS K 0116「発光分析通則」では強度比法と規定されている．元来，物理干渉の補正を主目的として使用が行われた．検量線作成用標準液と試料測定液に対して測定対象元素と異なる元素を一定量添加し，この添加元素の発光強度に対する測定元素の発光強度の比を求め，これにより検量線作成，濃度算出を行う方法である．一般的注意事項としては，第1点として内標準に使用する元素は試料中に問題となる量が含まれていないことがあげられる．従来，内標準元素としてYを使用することが多かったが，環境試料ではYの汚染が発生していることがあり注意を必要とする．このような場合にはYに比較的似通っていて環境での汚染の可能性の低いYbを使用することもある．第2点としては内標準元素の添加濃度がある．これについては使用する装置によって状況が異なるために一概には言えないが，ある程度強度が取れて物理干渉などの発生が検知できる量を添加する必要があるが，装置のダイナミックレンジの問題もあるので，上限濃度も考慮する必要がある．内標準補正法を採用する目的にはいくつかあるがそれぞれによって注意点が多少異なってくる．これについて述べる．

(1) 物理干渉の補正

物理干渉が主な干渉であるケースの代表的な例は，有機物が主体の試料を湿式灰化して残留酸の量のコントロールが難しい場合などである．内標準元素として使用する元素の制約は少ない．一般的にはYが使用されるが，Yが試料中に含まれる場合にはYbなどが使われる．この場合の元素選択の基準は試料中に含まれていないこと，比較的感度のよい元素で添加量を低い目に抑えることができることなどである．内標準補正は分析対象元素と内標準元素を同時に測定するのが一般的ではあるが物理干渉の補正を目的とするのであれば二元素を同時に測定するのでなく逐次的に測定して補正を行うことも可能である．このような補正機能を装備している装置もある．

(2) イオン化干渉その他の補正

物理干渉以外に検量線の傾きに影響を与える干渉としてはイオン化干渉，化学干渉などが考えられる．これらの干渉が発生する場合は検量線作成用標準液にはマトリックスを含んでおらず，試料溶液にはある程度のマトリックスを含む場合である．元素によって干渉の発生のしかたに差があるために一概には言えないが，内標準元素の選択にあたってはイオン線，中性原子線の区別，測定波長などを考慮する必要がある．Naの共存によって発生するイオン化干渉を内標準補正によって補正した例を**表 4.4** に示す．

表 4.4　イオン化干渉の内標準法による補正（NaCl による干渉を補正した例）

測定元素・波長（nm）		状態	内標準元素・波長（nm）		試料溶液中の NaCl 濃度				
					0%	0.20%	0.50%	1.00%	2.00%
Cd	228.8	I	Au	242.8	1.00	1.00	1.00	1.01	1.02
Cd	214.4	II	Rh	233.5	1.00	1.01	1.03	1.02	1.01
Pb	220.4	II	Rh	233.5	1.00	1.02	1.02	1.00	0.99
Cr	267.7	II	Rh	233.5	1.00	1.02	1.05	1.04	1.05
Cr	205.6	II	Rh	233.5	1.00	1.04	1.06	1.06	1.07
Fe	238.2	II	Rh	233.5	1.00	1.00	1.02	1.00	1.01
Fe	259.9	II	Rh	233.5	1.00	0.99	1.01	1.01	1.01
Mn	257.6	II	Rh	233.5	1.00	0.99	1.02	1.01	1.03
Zn	206.2	II	Rh	233.5	1.00	1.02	1.03	1.02	1.04
Zn	213.9	I	Au	242.8	1.00	0.99	0.97	0.97	0.96
Cu	327.4	I	Au	242.8	1.00	0.99	1.01	1.00	0.98
Ni	231.6	II	Rh	233.5	1.00	0.97	0.97	0.95	0.93
Ni	232.0	I	Au	242.8	1.00	0.96	0.96	0.98	0.98
Sb	206.8	I	Au	242.8	1.00	0.97	0.96	0.95	0.93
As	189.0	I	Au	242.8	1.00	0.97	0.94	0.90	0.93
Se	196.0	I	Te	214.3	1.00	1.06	1.06	1.02	1.06
Al	396.2	I	In	325.6	1.00	0.99	1.03	1.01	1.00
B	249.7	I	Au	242.8	1.00	1.03	1.02	0.97	0.97

ここで
状態 I：中性原子線，II：イオン線
表中の数値は NaCl 濃度 0% のときの定量値を 1.00 としたときの，内標準補正後の定量値検量線：NaCl 濃度 0% で作成この表にもあるように，多元素分析を行う場合でマトリックスが多い場合には複数の内標準元素の採用が効果的で，この点ではシーケンシャル型の装置より多元素同時分析型の装置が有効である．また多元素の内標準添加を簡便に行うためにペリスタルティックポンプを使用したOn-line内標準添加が最近は多用される．**図4.19**にはこの構造の一例を示す．

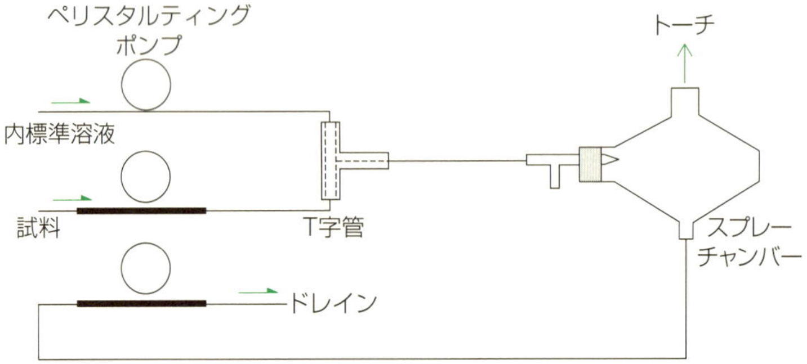

図4.19 On-line内標準補正法模式図

(3) 繰返し性向上のための内標準

繰返し性の向上のために内標準補正を使用することがある．ICP発光分析による信号のゆらぎの原因は主としてネブライザーの噴霧状態の変動とプラズマを生成しているArガス流量の変動にあると考えられる．これらの要因による変動は測定元素が異なっても類似の挙動をすることが予想されるので，内標準補正を行うことによって，再現性の向上につなげられる繰返し性の改善を図ることができる場合がある．この目的での内標準補正を有効に働かせるためには，以下の二点が重要になる．

① 測定元素と内標準元素のデータの取り込みのタイミングを完全に一致させる

② 測定元素と測定波長に対する内標準元素とその波長の選択として，プラズマ内での挙動ができるだけ近い組合せを見つけ出す

①についてはデータ取り込みのタイミングや積分時間が任意にコントロールできない装置もあり，このような装置では内標準補正による繰返し性の向上は難しい．②についてはイオン線と中性原子線の区別，測定波長，測定元素と内標準元素の周期表上での位置などを参考にして最適の組合せを選定する必要がある．分析手法として完全に一般則が確立しているわけではないが，最良の条件に設定できた場合には単純10回繰返しの変動係数で0.3%以下という高精度を維持した測定を行うことも可能である．**表4.5**にはLi，Co，Mn，Niの混合標準液の定量を，Yを内標準元素として行った例を示す．測定は10秒間積分を3回繰り返して平均値とその%RSDを求め，さらにそれを10回繰り返したときの変動を確認した．10回の繰返しの精度を%RSDでみると，高いものでも0.25%，大半は0.1%以下の良好な値が得られている．

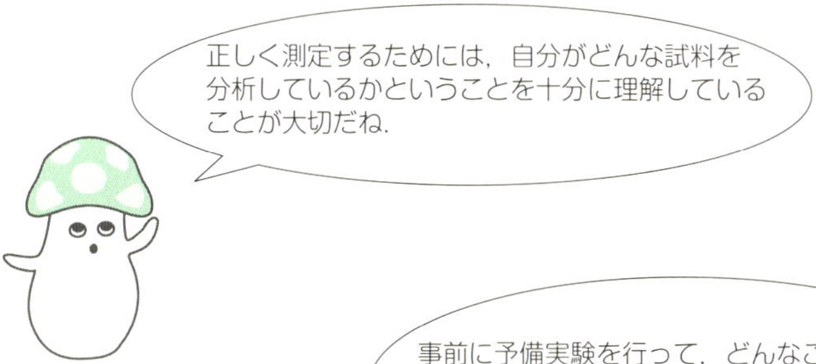

正しく測定するためには，自分がどんな試料を分析しているかということを十分に理解していることが大切だね．

事前に予備実験を行って，どんなことが起こりそうかと予測することが，分析を失敗させないコツかもしれないね．

表 4.5　内標準による繰返し性の向上

10 秒積分 3 回繰返し測定を 10 回　　　試験溶液中測定濃度　mg/L

	1 回目	2 回目	3 回目	4 回目	5 回目	6 回目
Li 670.784	5.046	5.053	5.045	5.043	5.034	5.031
Co 238.892	20.021	20.020	20.015	20.001	20.015	20.016
Mn 257.610	5.041	5.040	5.039	5.039	5.038	5.040
Ni 231.604	4.970	4.963	4.964	4.967	4.966	4.966

7 回目	8 回目	9 回目	10 回目		平均値	標準偏差	%RSD
5.027	5.024	5.022	5.014		5.034	0.0125	0.249%
20.020	20.020	20.007	20.011		20.015	0.0065	0.032%
5.039	5.039	5.036	5.036		5.039	0.0016	0.031%
4.971	4.962	4.959	4.965		4.965	0.0037	0.074%

3 回繰返し測定の中のばらつき（%RSD）

	1 回目	2 回目	3 回目	4 回目	5 回目	6 回目
Li 670.784	0.018	0.107	0.172	0.054	0.062	0.233
Co 238.892	0.027	0.029	0.033	0.045	0.036	0.039
Mn 257.610	0.045	0.043	0.061	0.012	0.011	0.043
Ni 231.604	0.011	0.070	0.087	0.055	0.093	0.055

7 回目	8 回目	9 回目	10 回目		%RSD の平均
0.102	0.068	0.030	0.158		0.101
0.029	0.061	0.028	0.082		0.041
0.019	0.023	0.026	0.040		0.033
0.132	0.083	0.138	0.147		0.087

内標準元素：試験溶液に Y を 1 mg/L の濃度で添加

4.7 分析線波長の選択

4.7.1 分析線波長選択の手順

上に述べたようにICP発光分析でもさまざまな干渉が存在する．なかでも分光干渉を受けた場合には，分析値が本来の値とかけ離れた値となってしまうことが多くあり，最大限の注意を払う必要がある．

分光干渉の有無の判断はスペクトルプロファイルの形状から判断するのが原則である．当然，分解能が高い分光器を使用したほうが分光干渉を最小にするのに有利となるが，現在市販の装置に使用されている分光器の分解能はピークの半値幅で4～10 pm程度であり，分光器の分解能のみですべての分光干渉を避けることはできない．このため測定元素ごとの分析波長の選択は分析値の正確さを確保するために重要となる．

(1) シーケンシャル型装置を用いる場合の波長選択

シーケンシャル型の装置では定量分析は測定時間との関係もあり，1測定元素について最適の分析波長1波長で行われることが多い．このため，定量分析を実行する前に最適の波長を検索する作業が必要となる．通常はブランク溶液，標準液，試料溶液のスペクトルを重ね合わせて表示することにより，最適の波長を選択し，合わせてバックグラウンド補正位置などを決定する．現在市販されている装置はコンピュータによって制御されているので，この検討結果は分析条件表などとして保存される．作成した分析条件表を使用して定量分析を実行すれば同一マトリックスの試料は問題なく分析できるはずである．

(2) マルチチャンネル型装置を用いる場合の波長選択

現在市販されている半導体検出器搭載のマルチチャンネル型の装置では1測定元素あたり複数個の分析波長を選択し，同時に測定できる．半導体検出器ではピークの強度値だけでなくスペクトル全体を同時に測定するため，定量分析のデータ中にスペクトルプロファイルが完全な形で含まれる．したがって，分析波長の検討は定量分析結果のスペクトルプロファイルを確認することによって行い，最適と思われる波長での測定結果を分析結果として採用する．バックグラウンド補正位置（波長）の設定も測定後に変更・再計算が可能である．

以上述べたようにシーケンシャル型では定量分析を行う前の検討が，マルチチャンネル型では定量分析の結果の取得後の検討が重要である．とはいっても原則は複数の測定波長に対するスペクトルの観察と検討であり，最適な波長を選択するという点で大きな違いがあるわけではない．

図 4.20 には分光干渉を受けた場合のスペクトルプロファイルの例を挙げる．測定対象元素は Cu を含有する試料中の Zn である．Zn には代表的な分析波長としてここに示す 216.200，213.857，202.548 nm の 3 波長がある．これ以外の波長は検出下限が極端に悪いため通常の測定では使用されることはほとんどない．したがって，ここでもこの 3 波長についての結果をもとに最適な波長およびバックグラウンド補正位置の決定方法などについて述べる．

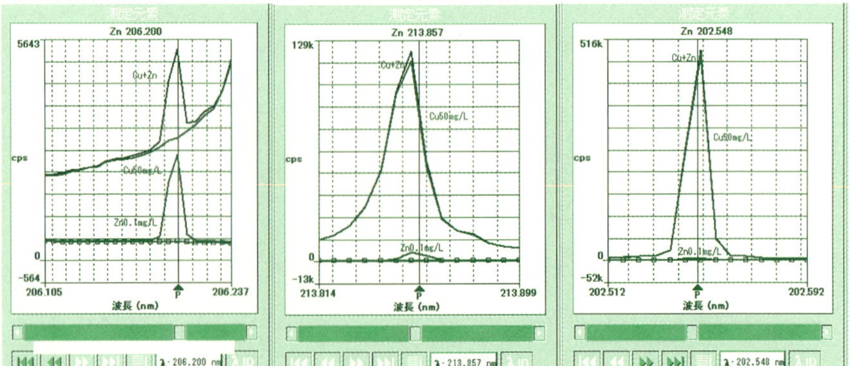

図 4.20　Zn に対する Cu の分光干渉

最適な波長の選択や分光干渉の有無の判断を正確に行うためには，マトリックス成分がわかっていて，その純粋な溶液があることが理想的である．図 4.20 には Zn のみ，Cu のみ，Zn＋Cu の三つの溶液を噴霧した場合の Zn の 3 波長近傍のスペクトルを重ねて表示している．これらの図からは分光干渉の様子は一目瞭然である．しかしながら，実際のケースではマトリックス成分が不明であり，分析目的元素の含有量もはっきりしないことが多い．このケースでは Zn＋Cu のスペクルデータから波長選択を行い，バックグラウンド補正の位置を決定しなければいけないということになる．このような場合にはマトリックスを含まない標準液と比較した場合の試料の見かけ濃度がどの程度であるかが重要となる．図をみると 206.200 nm では約 0.1 mg/L，213.857 nm では約 3 mg/L，202.548 nm では 10 mg/L 以上という濃度が推定される．このようなケースでは，分析波長の検出感度に大きな差がないのであれば，見かけ濃度が低い波長ほど分析に適していると判断される．このケースでは 206.200 nm が最適となる．ICP 発光分析では存在するほとんどすべての元素は発光し，各元素の測定波長による発光強度比もほぼ維持され，特定の波長だけ強度が極端に増大することはない．したがって波長が異なっても分光干渉を受けない限り，標準液に対する比率はほぼ一定となるはずである．これに対し，分析波長が分光干渉を受ける場合には，標準液に対する比率がほかの波長より高くなる傾向があるので，見かけ上高い結果を与えている波長は使用できないことが多い．むろん近接線の有無を確認する必要などもある．これらの手順をまとめる．

- スペクトルを確認して近接線の有無を確認する．
- ピーク位置の発光強度から標準液強度と比較した場合の推定濃度値を求める．推定濃度が低い波長を第一候補として選択する．

(3) バックグラウンド補正位置の決定

標準液のマトリックスと試料のマトリックスが完全に一致していない場合には，バックグラウンド補正を行う必要がある．ICP 発光分析では，一般的にピークの裾の強度を測定し，この値をピーク強度から差し引いて正味強度を算出する Off-Peak バックグラウンド補正を行っている．この方法ではバックグラウンドの測定位置によって微妙に測定結果が変化してしまうことがある．また，バックグラウンドの測定位置に分光干渉が発生することもあるので十分に注意する．バックグラウンドの測定位置の決定方法には一般則と言えるものはない，濃度既知の標準物質や合成試料を用いてその正しさを検証する．

4.7.2 分光干渉の事例

分光干渉が起きた場合，干渉を与えている元素が何であるかを特定することが一般的には重要である．このようなときに有効なのが波長表である[3,4]．最近の装置ではこれらの波長表をデータベースとして内蔵しているものもあり，こういった装置では比較的簡単な操作で干渉元素を特定できることもある．

表 4.6 には各元素の代表的な測定波長と干渉元素の一例を示す．干渉はマトリックス濃度が高いほど危険性は高くなる．特に金属材料中の微量元素を分析対象とする場合には特段の注意が必要となる．マトリックス成分となったときに分光干渉を多く与える元素としては Ta，Mo，Nb，Zr，ランタニド希土類元素（特に Ce，Pr，Nd，Sm など）Fe，Co，Ni などがあげられる．むろんこれ以外の元素でも注意が必要なことは言うまでもない．

表 4.6 分光干渉の一例

元素	分析線波長（nm）	干渉元素の波長（nm）
B	249.667	Fe 249.669
B	249.772	Fe 249.772, Fe 249.782, Mo 249.780
B	208.957	Mo 208.952
Al	396.153	Mo 396.150
Al	308.215	(OH バンド), Mo 308.222
Al	394.401	
Cd	228.802	As 228.812
Cd	214.440	Fe 214.458, Pt 214.423, (NO バンド)
Cd	226.502	Fe 226.505
Pb	220.353	Fe 220.346, Ni 220.351
Pb	217.000	Fe 216.995
Pb	261.418	Fe 261,382, Co 261.436
Pb	283.306	Fe 283.310
Cr	267.716	P 267.715
Cr	205.560	Mo 205.568, Ni 205.546, Be 205.590
Cr	206.158	Zn 206.200, I 206.163, Bi 206.170
Fe	238.204	Co 238.234
Fe	239.562	Cr 239.579, Co 239.552
Fe	259.939	Mn 259.890, Mo 259.964
Mn	257.610	
Mn	259.372	Fe 259.372, Ta 259.362, Mo 259.361, Na 259.383
Mn	260.568	Co 260.568
Zn	206.200	Cr 206.158
Zn	213.857	Cu 213.853, Ni 213.855
Zn	202.548	Cu 292.548, Co 292,575, Ni 202.538, Mg 202.582
Cu	327.393	Ta 327.396, (OH バンド)
Cu	324.752	Fe 324.728, Fe 324.739, (OH バンド)
Cu	224.700	Fe 224.691, Y 224.300, Fe 224.746, W 224.876
Cu	213.598	P 213.617, Mo 213.606
Ni	231.604	Ta 231.604, Co 231.616, (NO バンド)
Ni	221.648	Si 221.667
Ni	232.003	Cr 232.039, Mn 232.045
As	188.979	

表 4.6 つづき

元素	測定波長（nm）	干渉元素の波長（nm）
As	193.696	Pt 193.700
As	197.197	注 1)，2)
Se	196.026	注 1)，2)
Na	588.995	Ar 588.859
P	213.617	Cu 213.597, Mo 213.606
P	214.914	Cu 214.898
P	178.221	I 178.215
P	177.494	Cu 177.427
Si	251.611	Mn 251.673
S	212.412	Mo 212.410
Si	288.158	Ta 288.160

その他の注意点
1）試料中に Al が多量に含まれると二原子分子の発光がバンド状に観測されるので，200 nm 付近を中心とし広い範囲でバックグラウンドが上昇する．
2）試料中に C を含む場合（特に有機溶媒の直接分析）では C が発光し，この分光干渉が発生する．特に 200 nm 以下の短波長領域に注意が必要である．
3）マトリックス成分以外からの発光線としては NO バンド（210〜230 nm 付近），OH バンド（290〜310 nm 付近），Ar 発光線などがある．

ここにあげたのは分光干渉の一例に過ぎない．分光干渉の危険性は常にあると考えるべきで，特にマトリックス濃度が高い場合には注意を要する．

コラム 波長表

分析元素の測定波長や分光干渉を調べるためには波長表は欠かすことができない．もっとも有名な波長表に MIT 波長表と NIST データベース“ NIST Atomic Spectra Database Line Form”がある．これら波長表にはきわめて数多くの波長が掲載されている．これらのデータはスパークあるいはアーク放電を光源として得られたスペクトルであるために，各波長の発光強度に関しては ICP 発光のそれとは異なっている．ICP を光源として作成された波長表には 1985 年に Fassel らが出版した“An Atlas of spectral Information（Elsevier）”がある．この波長表では各元素について ICP 発光分光分析でよく観測される波長をまとめてあり，また，ICP における典型的な日光干渉についても掲載している．

4.8 分析条件の最適化

4.8.1 水溶液測定の基本条件

ICP 発光分析装置の最適化を行ううえでの主な可変パラメーターには，分析波長，プラズマ設定条件，測光高さ（径方向測定の場合）がある．分析波長については上に述べたので，ここではそれ以外のものについて記述する．

プラズマ設定条件のパラメータとしては高周波出力，プラズマガス流量，補助ガス流量，キャリヤーガス流量がある．

(1) 高周波出力

当然であるが高周波出力を大きくすれば，発光強度も大きくなる．しかしながら，出力の増加に伴ってバックグラウンドの強度も著しく増加する．分析装置としての性能の中でも重要な検出下限は検量線の傾き（BEC バックグラウンド相当濃度）とバックグラウンド強度のばらつき（%RSD）の積で求められるので，バックグラウンドの上昇は BEC の上昇につながり検出下限が低下する．これに対して，高周波出力を低い目に設定すると BEC は低下することが多いが，発光強度も低下するため，バックグラウンドのばらつきの相対標準偏差が大きくなり検出下限が低下してしまう[†2]．装置による多少の違いはあるものの一般的傾向として，分析波長が長波長側では低出力が，短波長側では高出力が有利となる傾向がある．

しかしながら，ICP 発光分析では 200 nm 以下の As，Se などから 770 nm 近傍の K までを一斉分析することにその特徴があり，本来であれば波長ごと

[†2] このため，高周波出力はこれらのバランスを見ながら調整することが大切である．

に出力を可変するのが理想とも考えられるが，これを行うと出力の変更のたびに安定のための待機時間が必要となり，総分析時間が長くなり現実的ではない．このため，実際の装置の使用にあたっては中間的な出力である 1300 W 程度に固定して使用されていることが多い．測定する元素・波長を限定することができる場合には高周波出力は変更可能なパラメータの一つである．

(2) プラズマガス

三重管トーチの最も外側の管を流れるガスで冷却ガスと言われることもある．通常は 12～16 L/min に設定される．このガスを増やすとプラズマの温度がやや低下するため発光強度は低下する．一方，空気中からの窒素の巻き込みが減るため NO バンドは低下する．このため P 213.617 nm，214.914 nm，Cd 214.400 nm，Ni 231.604 nm などでは増やしたほうがよい場合もある．また後に述べる有機溶媒直接導入ではこのガスの調整は重要となる．

(3) 補助ガス

三重管トーチの中間の管を流れるガスで通常 0.2～1.0 L/min で使用される．このガスの流量でトーチに対するプラズマの位置を変化させることができる．

試料中の塩濃度が高い場合や，有機溶媒の直接導入の場合などでは補助ガスの流量を増やして，トーチの中間の管先端部への塩などの付着を抑える．

(4) キャリヤーガス

三重管トーチの中心管を流れるガスで，ネブライザーで試料溶液を霧化してプラズマへ搬送する役割も担っている．このガスを流すことによってドーナツ状のプラズマが生成する．また，この流量によって発光部の温度も大きく左右される．結果的に，この流量によって SB 比（信号対バックグラウンド比）が大きく変化することとなる．径方向測光を行う場合には測光位置（高さ）の最適化とも関連してくるため，分析感度（検出下限）に関する最適化の点でも重要である．

(5) 測光高さ

径方向測光の場合にはこのパラメータも重要となる．通常は検出下限を決定するパラメータの一つであるBECを参考にして決定する，当然であるがキャリヤーガスの流速と密接に関連しており，調節にあたってはこの二つのパラメータを同時に最適化する必要がある．

4.8.2 ICP発光分析での有機溶媒測定について

ICP発光分析においてはプラズマ中に導入された有機溶媒は燃焼（酸化）するのではなく，高周波エネルギーによって分解される．このことがフレーム原子吸光法との大きな違いになる．有機溶媒を限定された高周波のエネルギーで分解するためにはプラズマ中に導入される有機溶媒の量を適正に制御する必要がある．しかしながら，低沸点の溶媒ではネブライザーで霧化する時点で有機溶媒のかなりの部分が気化してしまうため，プラズマへの溶媒導入量が非常に大きくなりプラズマを維持することが困難になる．非常に大雑把な議論にはなるが沸点100℃以下の有機溶媒は導入が困難な場合が多くなる．また有機溶媒に特有の溶解性のために使用する用具の材料にも注意する必要がある．

(1) ICPの操作条件について

ICPの操作条件は水試料分析時とは大きく異なる．

① **高周波出力**；有機溶媒を分解するために高い目に設定する．通常は1500 W以上とすることが多い．

② **プラズマガス**；トーチ内でのガスの旋回流を大きくして，プラズマのドーナツの中心の抜けをよくするために高い目に設定する．通常は18～20 L/minとする．

③ **補助ガス**；有機溶媒を噴霧すると溶媒によってはススが発生し，これがトーチインジェクターの先端部に付着する．これを防ぐために補助ガスを増やし，プラズマと中間管（ミドルチューブ），インジェクターの間に距離をとるようにする．ススの発生しやすいキシレンなどを使用する

場合と，ほとんどススを発生しないエタノールの場合では大きく異なってくる．

④ **キャリヤーガス**；試料を大量に送りすぎるとプラズマが維持できないので，通常流量の 1/2 強に設定する．

⑤ **試料導入量**；スプレーチャンバーの中で溶媒の気化が多かれ少なかれおきる可能性があるため，試料の導入量は 0.5 mL/min 程度あるいはそれ以下で使用する．

⑥ **インジェクター**；キャリヤーガスの流量が少ないため，通常の 2 mm 程度の径のものではキャリヤーガスの流速が小さくなりプラズマの中心の穴がうまくあかないことがある．こういった場合には内径 0.8 mm 程度のインジェクターを使用して流速を確保し，ドーナツ状の構造を作りやすくする．

(2) ポンプチューブ

通常使っているタイゴンチューブは耐溶媒性がまったくないため使用できない．最も一般的なものは黄色いタイゴンチューブ（ソルベントフレックス）であるが，これで使用できる溶媒はキシレン，ケロシン，アルコール類程度である．これ以外にはシリコンゴム，バイトンなどのチューブもあるが，溶媒によってはポンプチューブが使用できない場合もある．このような場合には試料側はポンプを使用せずネブライザーの吸引力のみで吸わせるようにし，ドレイン側はファーメッドチューブを使用するか，テフロンのしごきチューブを使用するポンプ（商品名メタロールポンプ）で排出する．

(3) プラズマの調整方法

実際の操作においてはプラズマを観察しながらガス流量，試料導入量を加減する必要がある．プラズマ中に有機溶媒を導入すると炭素の発光によりプラズマ全体がやや緑色をおびて観察される．このとき，プラズマの中心部にろうそくの芯のような非常に明るい可視光の発光が認められる（**図 4.21** の灰色部）．この部分は実際には有機溶媒の構成分の炭素が輻射熱で光っている部分で温度もあまり高くなく，原子発光には寄与していない．また，この部分の長さは

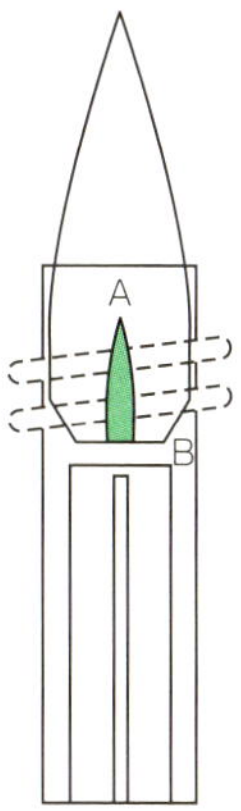

図 4.21　有機溶媒導入時のプラズマ

キャリヤーガス流量，試料導入量で大きく変化する．感度のよい分析を行うためにはこの部分の先端がワークコイルの上端からわずかに出る程度に調整する必要がある（図 4.21 の A）．またプラズマの下端（インジェクター側）には有機溶媒の一部がプラズマではじかれススが発生する．このため補助ガスの流量を制御し，プラズマとインジェクターの間隔（図 4.21 の B）を広げることによりススのトーチ管への付着を防ぐことが重要となる．

キャリヤーガス流量，補助ガス流量，試料導入量は使用する有機溶媒によっても最適値は異なり一概には言えない．プラズマを観察しながら調整することが大切である．

(4) 冷却チャンバーシステムについて

低沸点の有機溶媒を分析する場合には，スプレーチャンバーを冷却して，溶媒のプラズマへの導入効率を低く抑える必要がある．現在，ICP 発光分析装置で使用できるシステムとしてはペルチェ冷却方式を採用したものと循環冷却水を使用するジャケット方式のチャンバーを採用したものの 2 種類がある．

前者は，操作性がよく循環冷却水システムが不要で設置場所をとらないなどのメリットがあるが，冷却温度が－5℃ あるいは－10℃ が限度であるため，THF などの低沸点の溶媒に使用するのには若干不安がある．これに対して循環冷却水を使用する場合には，配管の引き回しなどがあり操作性がやや低下するが，冷媒を使用すれば−20℃ 以下までの冷却が可能となり使用できる溶媒の幅が広がる．

(5) 酸素導入システムについて

ススの発生を抑えるために，プラズマにわずかに酸素を混ぜることが行われる．特にトルエン，キシレンなどの芳香族の溶媒ではススの発生量が多く，このシステムが有用である．冷却チャンバーに酸素導入用のポートが用意されている場合には，別に酸素ボンベ，流量計を用意すればシステムを構成できる．また補助ガスに $Ar–O_2$ 混合ガスを使用する装置もある．

(6) 使用できる有機溶媒について

ICP 発光分析で分析される有機溶媒の最も代表的なものはキシレン，ケロシンなどがある．さらに，冷却チャンバーシステム，キャリヤーガスへの酸素導入などを行えば使用できる幅が大きく広がる．よく使われる溶媒についての一覧を**表 4.7** に示す．

(7) 有機溶媒を用いる直接分析時の注意

上に述べたように使用する有機溶媒でプラズマが安定的に点灯することがまず必要である．さらに，溶媒の種類が変わればバックグラウンドの発光強度，ひいてはプラズマの温度も大きく変化するため，検量線作成用標準液，試料間での洗浄用溶媒なども試料液と同一の有機溶媒組成とする必要がある．また，目的成分が使用する有機溶媒に完全に溶解して均一系となっていることが重要であり，場合によっては試料を溶媒に希釈することで試料中の目的成分が微粒子として沈降してしまうこともあるので十分に注意する．

表 4.7　有機溶媒とその導入系

溶媒	冷却チャンバー	酸素導入	ポンプチューブ
キシレン	不要	不要*1	ソルベントフレックス
ケロシン	不要	不要	ソルベントフレックス
DIBK	不要	不要	なし
MIBK	要	不要	シリコン
DMF	不要	不要	なし
DMAC	不要	不要	なし
NMP	不要	不要	なし
ベンゼン	要	要	ソルベントフレックス
トルエン	要	要	ソルベントフレックス
IPA	要	不要	ソルベントフレックス
エタノール	要	不要	ソルベントフレックス
メタノール	要	不要	ソルベントフレックス
n−ヘキサン	要	不要	なし
アセトン	要	不要	なし
MEK	要	不要	なし
酢酸エチル	要	不要	なし
アセトニトリル	要	不要	ソルベントフレックス
THF	要（できるだけ低温度の必要）	不要*1	なし

*1　キシレン，THF はややススを発生しやすいため酸素を導入してススの発生を抑えることがある．（システム構成や操作条件で不要なこともある．）
DIBK：2,6−ジメチル−4−ヘプタノン
MIBK：4−メチル−2−ペンタノン
DMF：*N,N*−ジメチルホルムアミド
DMAC：*N,N*−ジメチルアセトアミド
NMP：*N*−メチルピロリドン
IPA：2−プロパノール
THF：テトラヒドロフラン

4.9 まとめ

ICP 発光分析における干渉を中心に，実際の分析で発生しやすい問題点とその解決方法について記述した．一般的に分析値は

$$A=kX+b$$

の形になると考えられる．ここで

A：分析結果

X：真値

k，b：干渉およびその補正の正確さによる係数

である．

したがって，正確な分析値を得るためには，

$$k=1$$

$$b=0$$

を実現すればよいことになる．ICP 発光分析における干渉はすでに述べたようにいくつかの種類があるが，実際の局面では試料中のマトリックスによる干渉が複合して発生するために，干渉を厳密に弁別して把握することは不可能である．実際の試料の分析において干渉が問題となる場合には何らかの補正を行う．このときに補正の対象となっているのが k なのか b なのかを判断することは重要である．k に影響を与えるのは主に物理干渉，イオン化干渉，化学干渉などであり，b に影響を与えるのは分光干渉である．k の補正であれば最も効果的なのは標準添加法であり，次に内標準補正法となるが，b の補正には適正なバックグラウンド補正しかない．原子吸光分光法では優れたバックグラウン

ド補正の手法が存在することもあって，標準添加法によればかなり正確な値が得られることが多い．しかしながら，ICP 発光分析ではバックグラウンド補正法の選択とその結果の評価に細心の注意が必要となる．いずれにしても誤差要因が k あるいは b のどちらにあるのかを把握することは重要である．

参考文献

1） JIS K 0116：発光分光分析通則．
2） 原口紘炁：『ICP 発光分析の基礎と応用』講談社サイエンティフィク（1986）．
3） R.K.Winge, V.J.Peterson, V.A.Fassel : *Appl.Spectrosc.*, **23**, 206（1979）．
4） G.R.Harrison : *Wavelength Tables*, MIT Press Cambridge（1969）．

Chapter 5

試料導入法

アルゴン ICP プラズマはドーナツ構造をしており，測定対象物を効率的に ICP へ導入できるため，多数の試料導入技術について検討が行われている．Chapter3 でも既述しているように，一般的にはネブライザーで噴霧した溶液試料を ICP に導入するため，ほとんどの場合は水溶液試料が分析対象物となるが，さまざまな手法を併用することで気体（ガス状，エアロゾル）または固体（粉体，粒子状）も導入可能である．図 3.3 には Broekaert らがまとめた ICP 発光分析法で利用される試料導入法を示しているが，本章ではそれら試料導入法についてさらに詳しく解説する．

5.1 はじめに

試料導入方法の適用範囲としては，必ずしもICP発光分析法（ICP-AESまたはICP-OES）だけではなく，同様なICPプラズマを用いるICP質量分析法（ICP-MS）やICP飛行時間型質量分析法（ICP-TOF-MS），さらには原子吸光分析法（AAS）や原子蛍光分析法（AFS）などにも利用できる．取扱う試料形態や目的物の濃度，干渉により検出器の選択や組合せは考慮する必要があるが，ここでは一般的な概略を述べる．

ICP-AESは定量濃度範囲が広く，広域分野でさまざまな試料を分析対象とするため，分析の高感度化，さらには生物・生体などの貴重な試料をμLオーダーで分析する要求が多くなっている．また，固体（粉体状）試料の直接分析は，高感度化と微小量化にもつながるため，実現への要望も大きい．しかし，気体または固体試料を取扱うには，いかにICPへ測定対象物を導入するかが極めて重要となる．

さらに最近の動向としては，測定対象物の総量だけでなく，物質中での微量成分の形態と機能，さらには毒性などのリスク評価に関連する知見を得るために，原子価状態や化学種を含む化学形態別分析も必要になりつつある．このような研究は，化学種同定分析（Chemical speciation）またはトレースキャラクタリゼーション（Trace characterization）と称される．この場合，ICPに試料を導入する前段階で化学形態の分離，濃縮などを行う必要があるため，イオンクロマトグラフィー（IC），高速液体クロマトグラフィー（HPLC）またはフローインジェクション法（FIA）などの流れ分析法とICP分析法を組み合わせた研究が行われている．

5.2 水素化物導入／ICP-AES

1969 年に Holak が水素化物生成反応（Hydride Generation：HG）を原子吸光分析法に応用し，Zn/$SnCl_2$/KI を還元剤としてヒ素の水素化物を発生させて分析を行った[1)]．その後，1970 年代には，還元力がより強い水素化ホウ素ナトリウム（正式名称：テトラヒドロホウ酸ナトリウム，$NaBH_4$）が利用され，比較的低い酸性度で補助剤なしに水素化物を生成することが可能となった[2,3)]．水素化物を利用した試料導入法は，原子吸光分析法以外にも原子スペクトル分析法へ適用が試みられ，コールドトラップやクロマトグラフィーの結合，共存物の影響とその抑制方法などに関する多くの研究と報告がされている[4)]．

水素化物導入／ICP-AES では，ヒ素，セレン，アンチモンなどを還元して気体状の水素化物を発生させ，ICP-AES によって分析する．水素化物を発生する元素はガス状で ICP に導入されるため，試料導入時の物理干渉がなく，さらに水溶液を噴霧する場合と比較して ICP への導入効率が大幅に上がり，検出限界が 10～100 倍程度（一般的に μL/L レベル）改善される．また，水素化物を発生しない共存物から測定対象物を分離できるため，測定時に分光干渉が起こらない，溶液試料を噴霧した際に観測される水溶液に起因するバックグランドがほとんどないなどの利点を有する．そのため，水素化物発生法を結合する分析方法は一部の JIS[5)] にも採用されており，ICP-AES に水素化物を送入できる水素化物発生装置も多く市販されている．

水素化物発生装置としては，バッチ法，オートアナライザあるいは簡易的なフロー法[6,7)]，さらにはフローインジェクション法[8)]，サクションフロー法[9)]，自動化バッチ法[10)] など多種の方法が以前より報告されている．

水素化物発生装置は，試料を一定速度で送液し，連続的に水素化物を生成・送入する連続式水素化物発生方式と，一定量の試料から水素物を生成後に送入を行う貯圧式水素化物発生方式がある．最近では一定量の試料をサンプルループに貯め，その後にサンプルループ内の試料から水素化物を発生させるフローインジェクション式も実用的に利用される．

図 5.1 および**図 5.2** に水素化物発生装置の一例を示す．この図 5.1 の装置では，試料と還元剤としての $NaBH_4$（必要ならば，補助試薬としてヨウ化カリウム（KI）および酸溶液）をポンプで送液し，アルゴン（Ar）ガスと混合してから気－液分離セパレータ（気液分離管）を通して発生した水素化物を自動的に ICP へ導入する．この場合，試料溶液は送液過程で試薬との混合と水素化物発生が行われるため，混合比と反応距離や時間が水素化物発生に大きく影響する．試料の送液量や流路系によって条件はさまざまであるが，試料を導入してから約 1 分程度で水素化物が ICP に導入され，2 分程度で分析が終了する．このとき，連続発生式では 5 mL 程度の試料が必要となる．また，図 5.2 のバッチ式では，水素化物を吸収管に捕集し，分析に用いる．

一方，貯圧式水素化物発生方式（**図 5.3**）では，容器に一定量の試料を取

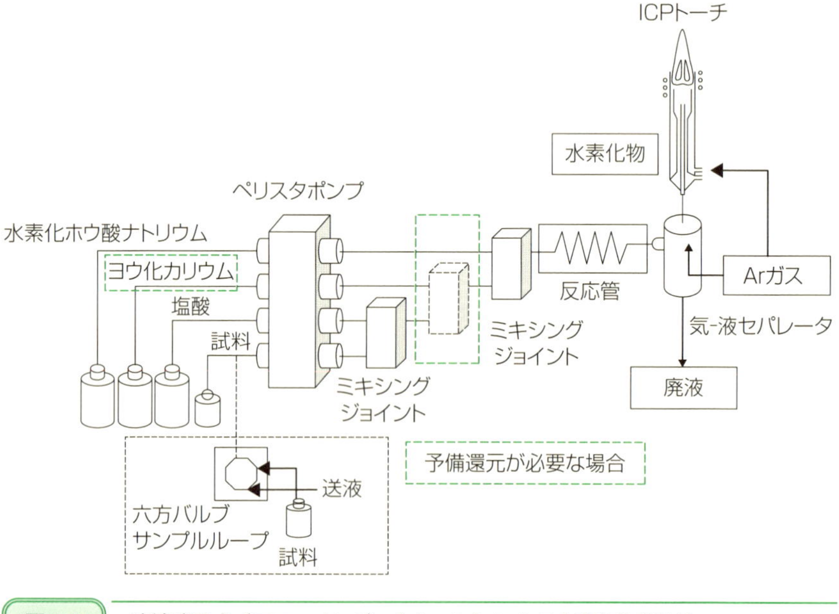

図 5.1　連続噴霧式（フローインジェクション）による水素化物導入法

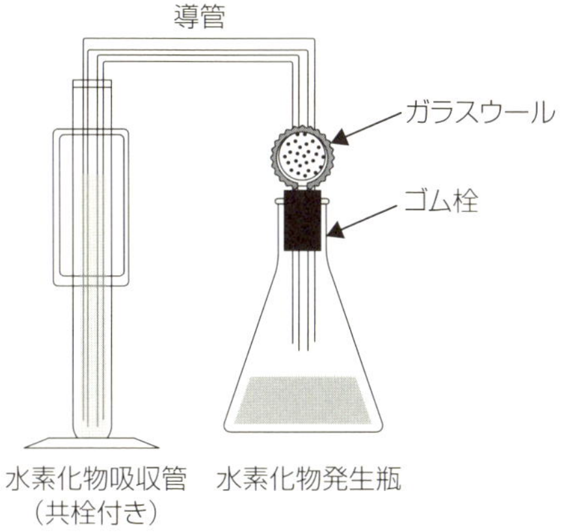

図 5.2 バッチ式水素化物発生装置の例

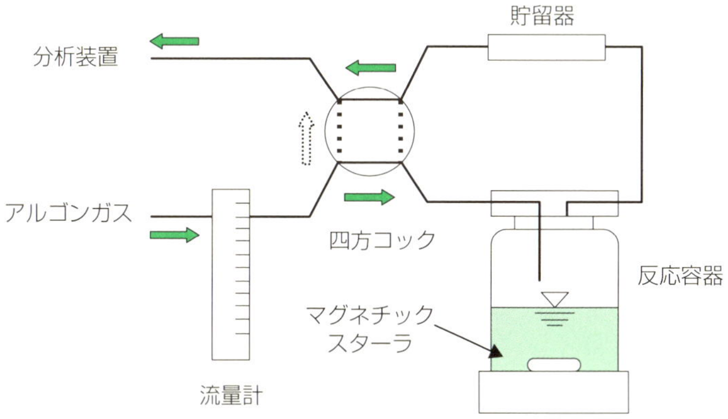

図 5.3 貯圧式水素化物発生方式

り，亜鉛（Zn）または $NaBH_4$ 溶液を加えて水素化物を発生させ，捕集した気体の量または圧力が一定値になった後，ICP に導入する．

サンプルループを用いた水素化物発生装置の装置構成は，図 5.1 における連続式水素化物発生方式とほぼ同一であるが，試料を連続的に送液するのではなく，流路に取り付けられたサンプルループに一定量の試料を取るため，1 回の分析に必要な試料溶液量が連続発生方式と比較して極めて少量ですむ．

水素化物導入／ICP-AESは，多くの利点があるが，いくつかの制限があるのも事実である．適用可能な元素は，水素化物生成をする元素に限定されるため，主としてヒ素（As），セレン（Se），アンチモン（Sb），ゲルマニウム（Ge），スズ（Sn），ビスマス（Bi），テルル（Te）および鉛（Pb）の8元素である．また，インジウム（In）およびタリウム（Tl）についてもいくつか報告例はあるが感度不足などの問題がある．さらに，銅（Cu），カドミウム（Cd），銀（Ag）についての検討例もある．

これらの元素は，塩酸酸性溶液中で$NaBH_4$との還元反応により，常温で気体（ガス状）の水素化物を発生する．この反応は次式（5.1）および（5.2）により進む．

$$NaBH_4+3\ H_2O+HCl \rightarrow H_3BO_4+NaCl+8\ H\ (\text{過剰}) \quad (5.1)$$

$$X_n^+ + H \rightarrow XH_n\uparrow + H_2\ (\text{過剰})\ (X_n^+\text{：金属イオン}) \quad (5.2)$$

たとえば，ヒ素の場合As(III)は$NaBH_4$と酸性溶液中で反応して，式（5.3）のようにアルシン（AsH_3）を生成する．

$$3\ BH_4^- + 3\ H^+ + 4\ H_3AsO_3 \rightarrow 3\ H_3BO_3 + 4\ AsH_3 + 3\ H_2O \quad (5.3)$$

前記したように，水素化物発生法の結合は定量において多くの利点があるが，水素化物発生は化学反応によって起こり，定量においては水素化物発生自体が最も重要な因子となる．水素化物発生に必要な$NaBH_4$は錠剤，粉末または水溶液のいずれでも用いることができる．特に$NaBH_4$水溶液は，自動・連続分析に適用できるため，フローインジェクションなどの還元系として幅広く利用されている．

水素化物発生における還元系では，溶液の酸性度の調整に塩酸（HCl）が多く用いられ，As，Bi，Teは1～9 mol/L，Seは2.5～5 mol/L，Teは2.5～3.6 mol/L，Geは1～3 mol/L，PbおよびSnは0.1～0.2 mol/Lの範囲が最適酸性条件である．

水素化物発生における分析条件の一例を**表 5.1**（連続発生法の場合）に示すが，最適な分析条件は各装置によって異なるため，使用する装置で適宜最適な

表 5.1 連続噴霧式（フローインジェクション）による水素化物導入法

キャリアーまたは試料溶液	酸または緩衝溶液	予備還元試薬	還元剤	水素化物		融点/℃	沸点/℃
				化学種	英語名		
総As (5)	4.2 mol/L HCl (7)	50%KI (1.5)	3%$NaBH_4$ (1.5)				
As(III) (6.5)	pH5 緩衝溶液 (7)		3%$NaBH_4$ (1.5)	AsH_3	*Arsine*	−116.3	−62.4
Se(IV) (10)	2.1 mol/L HCl (7)		3%$NaBH_4$ (1.5)	H_2Se	*Hydrogen selenide*	−65.7	−41.3
総Sb (10)	2.1 mol/L HCl (7)	8% KI (1.5)	3%$NaBH_4$ (1.5)				
Sb(III) (17)	pH6 緩衝溶液 (1.5)		3%$NaBH_4$ (1.5)	SbH_3	*Stibine*	−88	−18.4
Bi(III) (10)	2.1 mol/L HCl (7)		3%$NaBH_4$ (1.5)	BiH_3	*Bismuthine*	−67	16.8
Te(IV) (10)	4.2 mol/L HCl (7)		3%$NaBH_4$ (1.5)	H_2Te	*Hydrogen telluride*	−51	−4
Ge(IV) (8)	pH6.5 緩衝溶液 (4.5)		5%$NaBH_4$ (2.0)	GeH_4	*Germane*	−164.8	−88.1
Sn(IV) (5)	0.4 mol/L HCl (7)		3%$NaBH_4$ (1.5)	SnH_4	*Stannane*	−146	−52.5
Pb(II) (5)	0.3mol/LHNO_3+ 0.9mol/LNa_2S_2O (5)		3%$NaBH_4$ (5.0)	PbH_4	*Plumbane*	−135	−13

（　）内の数字は混合比の割合，単位は mL/min

条件を設定する．

AsおよびSbを分析対象とした場合，無機ヒ素化合物および無機アンチモン化合物にはAs(III)とAs(V)，およびSb(III)とSb(V)が存在し，試料中には共存する可能性もある．しかし，化学反応を利用する水素化物発生法は，その酸化数（存在形態）によって水素化物の発生条件や発生率が異なる．**図5.4**にAsとSbの酸化数における水素化物発生条件を示す．

As(V)とSb(V)は，KIや臭化カリウム（KBr）などを共存させた強酸性下でのみ水素化物に還元されるが，As(III)とSb(III)は強酸性領域から中性領域まで定量的に還元される．この場合，水素化物の発生条件を変えることで容易に酸化数別の分別定量が可能である．Seでは，Se(IV)として水素化物生成をする．Se(VI)は水素化物生成をしないが，6 mol/L以上の塩酸酸性下でSe(IV)に還元できる．しかし，$NaBH_4$添加前にKIを加えた際には，Se^0が生成するため水素化物には還元されない．TeにおいてもTe(IV)とTe(VI)が存在し，Te(VI)を定量するには塩化チタンなどによる予備還元が必要とな

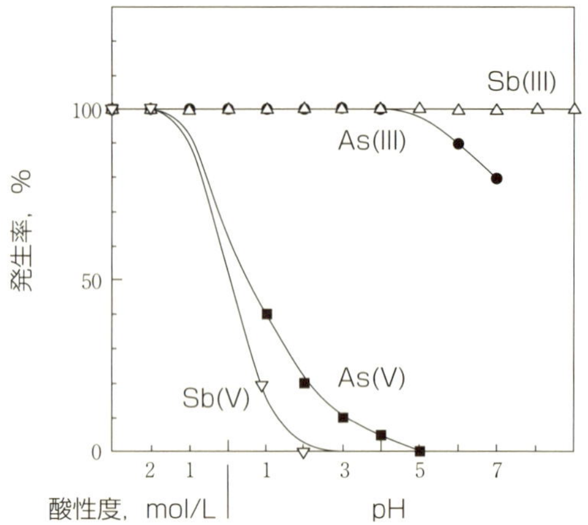

図 5.4　**酸化数に依存する水素化物の生成条件**

る．Ge は強酸性領域から中性領域にわたる範囲で水素化物に還元されるが，その発生量・感度は条件による影響が大きい．Sn と Pb は酸性度の最適領域が狭く，定量的に行うには注意が必要である．

水素化物への還元は，酸化数などの化学形態によって最適条件が異なるため，総量分析を目的にした場合には測定に先立って予備還元などによって水素化物を発生する形態に統一するほうがよい．予備還元には，フロー式とバッチ式がある．フロー式は先の図 5.1 に示した構成とほぼ同一であるが，流路の切り替えによって試料は酸と KI などの補助試薬と混合され，反応コイルを経由して加熱反応などより予備還元が行われた後，$NaBH_4$ と反応する経路をたどる．

一方，バッチ式では，試料の一部をビーカーなどに量り取り，As と Se の場合は塩酸および臭化カリウムを加え約 50℃ で 50 分間加熱，Sb は塩酸とチオ尿素を加えた後に水で一定量とすることなどで測定用試料として供する．

さらに As および Se については，環境・食品試料中で有機化合物として存在する割合が多く，いくつかの有機化合物が共存する可能性が高い．有機化合物では形態に依存して水素化物の生成が大きく異なるため，試料前処理において有機化合物を完全に分解することが必要である．

また，水素化物発生は共存物によって水素化物の発生に著しく影響を受けるのも事実であり注意が必要である．特に複雑な組成からなる環境試料では有機物，硝酸イオンおよび亜硝酸イオンは水素化物の発生を著しく阻害する可能性があるため除去したほうがよい．鉄鋼，金属・工業材料などの高濃度金属を含む試料でも注意が必要ある．

試料に有機物，硝酸イオンおよび亜硝酸イオンを含む場合には，硫酸，硝酸さらには過塩素酸を加えて加熱し，硫酸の白煙処理をすることで有機物などを分解する．また，硝酸が残留するとAsの水素化物発生は阻害されるため，十分に硫酸の白煙を発生させると同時に硝酸を除去する．

水素化物発生における共存物の影響として，ニッケルおよび銅共存下でのAs，Se，Sbの水素化物発生率を**図5.5**示す．いずれの場合も多量の共存物が存在すると，水素化物の生成が阻害される．また，Asは鉄，コバルトが5倍および80倍程度を超えて共存すると阻害される．Seは鉄が1000倍程度で阻害され，As(III)およびバナジウム（V）が10倍以上共存するとSeの定量に影響を及ぼす．Sbは鉄，コバルト，クロム(VI)，バナジウムがそれぞれ1000倍，500倍，1000倍，1000倍程度以上で影響を受ける．

共存する金属元素の影響を抑制するには，EDTA[11)]，フェナントロリン[12)]，

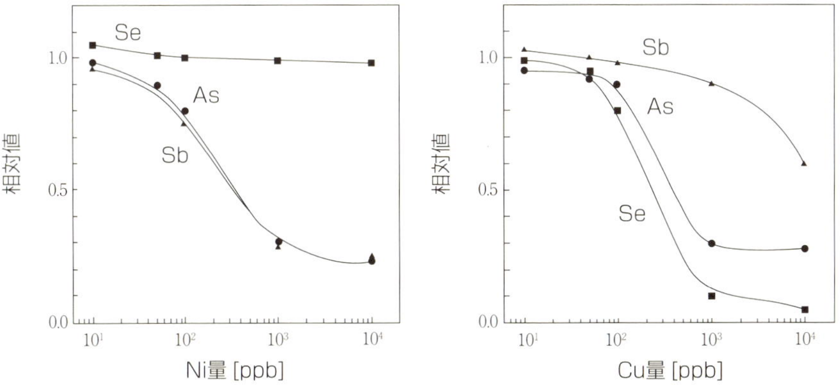

図5.5　ニッケルおよび銅共存下での水素化物生成に対する影響

チオ尿素[13]，L-システイン[14]などのキレート試薬によるマスキングも検討されているが，十分な抑制効果は期待できない場合も多い．そのため，妨害元素を含む試料では，標準添加法または添加回収実験を実施し，定量性を確認する必要がある．

水素化物発生法は微量分析に有用であるため多くの検討がされているが，元素の毒性と必須性などの立場から興味深い元素であるAsおよびSeの分析に用いられることが多く，特にAsに関してはこれまでに多く検討されている．また，AsおよびSeは複数の化学形態が存在し，化学形態に依存する毒性や代謝などの観点から化学形態別分析の必要性が高く，水素化物発生法によるSpeciation（スペシエーション）の適用も試みられている．

コールドトラップ（超低温捕集）またはクロマトグラフィーの結合は化学形態別分析も可能である．コールドトラップを利用したAs化合物の分析では，気化した化合物を一度冷却した管内に捕集し，その後再気化することで逐次化合物を発生させ，水素化物発生装置に導入する．図5.1に示した装置前半部（反応部）と同様に，試料，$NaBH_4$，補助剤などを混合することで各アルシンガスを発生させる．コールドトラップでは脱水部によりガス中の水分を除湿し，乾燥したアルシンガスを捕集部に送る．捕集部では，U字管が液体窒素中に取り付けられており，ここでアルシンガスは凍結捕集される．次にU字管を液体窒素から取り出すことでU字管の温度が徐々に上昇し，沸点の異なる各アルシンガスが沸点の低い順にキャリアガスとともに装置に導入される．この方法では，As化合物のうち，無機As，メチル化ヒ素化合物であるモノメチルアルソン酸（MMAA），ジメチルアルシン酸（DMAA），トリメチルアルシンオキシド（TMAO）を分析できる．しかし，海産生物，動物や植物などに多く含まれる可能性があるアルセノベタイン（AsB），アルセノコリン（AsC）およびアルセノ糖類では水素化物を生成しないため，生成しやすい形態に変換する必要がある．

また，クロマトグラフィーの利用は形態分離が簡易であり有用な手法になりうる．しかし，化学形態別分析を目的とした場合，水素化物生成は化学形態に依存するため，形態を分離した後に水素化物を十分に発生させるには，水素化物生成しない化合物は分解するなどの工夫が必要である．このためには，化学形態分離装置と検出器（測定はICP-AESに限らず）の間にUV照射光酸化や加熱酸化（マイクロ波の使用など）などを組み込み，流れの中で有機化合物の分解をすることで，オンラインでも水素化物発生分析が可能である[15-22]．なお，水素化物発生を使用する各元素の化学形態分析への応用は，中原によってまとめられた総説を参照するとよい[23]．

化学反応を使用した還元気化法としては，水銀（Hg）も分析対象元素になりうる．Hgの還元気化については主として検出器に原子吸光分析装置が用いられるため，Hgの還元気化方法については，そちらの文献などを参考にするとよい．

また，ハロゲン化物イオンを酸化してハロゲンガスを発生する方法，硫酸イオンを還元して硫化水素を発生する方法（これらは“揮発性化合物への変換気化法”などと称される）により，ICP-AESによるヨウ素（I）の分析例もある．さらには，還元気化によって生成したガス状物質は，アルゴンを用いたアルゴンICPだけではなく，ヘリウム（He）を用いた大気圧マイクロ波誘導プラズマ（MIP）発光分析などの研究例も多く報告されている．

休憩タイム

昔のヨーロッパなどでは，高位な家系では食事の際に銀製の食器がよく使用されていました．これはなぜでしょう？？？

確かに銀は他の金属に比べて高価であり，お金持ちを連想します．そして現在では，過去に高位な人たちが愛用したと言うイメージや高価と言う理由で，お金持ちの象徴のように思われ，好む人もいます．

しかし，これには理由があります．銀は化学反応性が高いので，食事にヒ素などの毒物を混入され，毒殺を試みられたとしても，銀食器が変色して毒物が混入していることが見分けられるからです．つまり，身を守るために銀食器が必要であったと言えます．確かに，命を狙われるのは，お金持ちや高位の貴族，権力者などが多かったようですので，“銀製品＝お金持ち・高貴”の構図は間違ったイメージではないのかも知れませんが，単にお金や権力を振りかざして高価なものを使用していたのではなく，そこにはちゃんとした身を守るという理由が存在するのです．

5.3 加熱気化導入／ICP-AES

黒鉛や高融点金属を材料とした発熱体を蒸気気化源とし，発熱体にある試料を電気的に加熱することで，脱溶媒，蒸発気化し，キャリアガスによって気化した蒸気をICPへ導入する方法である．加熱気化（Electrothermal Vaporization：ETV）装置の一例を**図 5.6** に示す．

加熱気化に用いられる発熱体にはグラファイト炉，カーボンカップまたはロッド，金属ボードまたはフィラメントなどがあり，電気加熱式原子吸光分析装置の原子化部（ファーネス部）と同様なものである．しかし，加熱気化においては，原子が原子化する温度まで加熱する必要がないため，昇温温度は電気加熱式原子吸光分析法ほどの高温を必要としない．この場合，蒸発効率がよい温度設定で十分であり，試料は脱溶媒されたのちに乾燥エアロゾルとしてキャリアガスによってICPに導かれる．これにより，溶媒に起因するバックグラウンドを抑制できるほか，有機溶媒などを含む試料を直接プラズマ内に噴霧しなくてよいなどの利点がある．さらに，分析に用いる試料量は1～200 μL 程度であり，水素化物発生法と同様に試料導入効率が向上するため，1桁以上の感度上昇が見込まれる．また，発熱体部で試料導入と脱溶媒を繰り返すことで炉上中濃縮も可能であり，発熱体の形によっては固体や懸濁液（スラリー状）も取り扱うことができる（固体

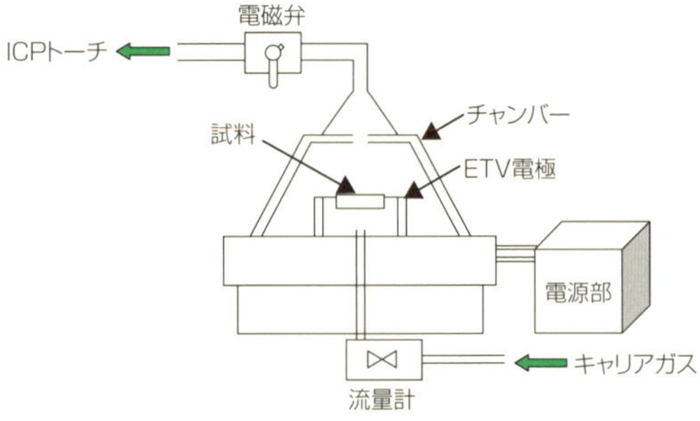

図 5.6 電気的加熱蒸発法による試料導入装置例

試料直接導入法）．さらに，少量の固体片に酸などを添加して加熱することで，炉を前処理の場として利用できる可能性もあり，試料の溶液化と気化を一連で行える可能性を含んでいる．定量における絶対検出感度は黒鉛炉原子吸光分析法と同程度（0.1～500 pg 程度）となる．欠点としては，炉材と反応する元素，高融点金属などは適用し難いことと，元素の選択的な蒸発気化が難しいため干渉物質でも同時にICPへ導入されることがある．

加熱気化導入を利用したICP-AESの分析では，生物試料中のカドミウム，鉄鋼試料中のビスマス，イオウ，セレンおよびアンチモンなどの分析例がある．鉄鋼などは試料が固体であり，融点が高い．しかし，加熱気化導入法では，試料の一片をそのまま使用することも可能である．また，高融点試料では化学修飾剤を添加することでより低温での揮散を促進し，分析感度を向上させる．たとえば，鉄鋼試料の場合，鉄の融点は1535℃であるが，一定量のスズを添加することで合金形成させた場合，その合金はより低温（500～700℃）で揮散するため，少ない熱量で効率よく試料導入が可能になる[24]．

加熱気化導入によるICP-AESにおけるスペクトル干渉を低減する検討も行われている．分析線228.8 nmにおけるAsおよびCdでは，鉄のスペクトル干渉によってバックグランドが増加する．各元素の熱的安定性の違いを利用した加熱気化によって鉄の気化を遅らせることで，低融点の目的元素と時間的に分離し，鉄からのスペクトル干渉を除去する[25]．

また，検出器にICP-MSを使用した例では，岩石試料中のPb，プラスティック中のホウ素（B）などの適用例が報告されている．この場合，高融点化合物のケイ酸塩が多く含まれるため，フッ化アンモニウム（NH_4F）を添加することでSiFを生成し，揮発の促進などを促している．

ICPへの固体試料導入と言う観点では，加熱気化導入法は，後述するレーザーアブレーションと同様に有利な手法である．しかし，加熱気化導入装置は，固体試料と同時に溶液試料も取り扱える場合が多く，標準添加法などが適用しやすい．また，試料の組成に依存する干渉がない場合には，標準液を検量線作成に使用できるため，定量性が上がる．

5.4 その他の方法

5.4.1 連続噴霧法

ICP 分析で最も簡易な試料導入法は，溶液試料をネブライザーによって連続噴霧する方法である．連続噴霧用ネブライザーには，一般的に使用される同軸型，クロスフロー型，バビントン型，フリット型などがある．また高塩濃度試料を効率よく噴霧するためにネブライザーのノズル内径が広い高塩濃度用ネブライザーもある（詳細については，Chapter 3，3.3 節「試料導入系」を参照）．

さらに，最も簡易に分析感度を上げる方法として，同様な噴霧法である超音波噴霧法（超音波ネブライザー）がある（**図 5.7**）．これは，約 1 MHz の周波数で振動するトランスジューサーによって試料溶液を高効率に微細化し，生成したエアロゾルはアルゴンガスによって脱溶媒される．試料は乾燥した微細な粒子団として ICP へ導入されるため，導入効率の上昇につながる．また，溶媒が ICP へ導入されないため ICP プラズマの冷却効果を避けることができ，ICP のエネルギーは効率よく元素の解離や原子化に利用される．これらの効果の結果として，通常のネブライザーによる溶液噴霧より分析感度が 10 倍以上改善される．

また，サーモスプレー噴霧も試料導入効率の向上に有用な手段となる．サーモスプレー噴霧法（ネブライザー）とは，噴霧された溶液試料を加熱したキャピラリーなどを通すことで脱溶媒し，エアロゾルを生成させる方法である．この場合には溶媒の加熱と除去をする加熱スプレーチャンバーなどの装置を結合する必要があり，スプレーチャンバーの温度制御が可能である装置も市販されている．ペルティエ温調スプレーチャンバーでは，−10℃～60℃ の範囲で

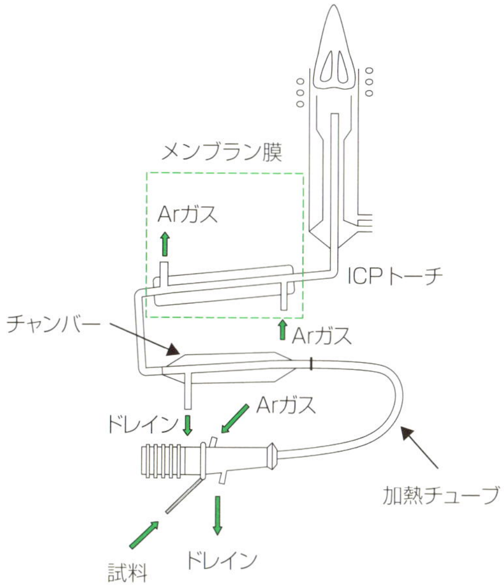

図 5.7　超音波ネブライザーによる試料導入装置例

チャンバー温度を制御でき，−10℃ 程度の低温では揮発性が高い有機溶媒試料でも ICP への負荷を抑えて導入することができる．

また，一般的な同軸型ネブライザーにおいても，試料導入経路およびキャピラリーノズル径，さらに材質などが異なるさまざまな種類がある．導入経路が広いものは，高塩濃度用ネブライザーとも称される．塩濃度や粘性が高い試料は，試料導入効率の著しい低下やネブライザー先端部への塩の析出による目詰まりを生じさせやすいが，径の広い高塩濃度用ネブライザーは，塩の析出や粘性における問題を軽減できる可能性がある．さらに内径が広いタイプでは，懸濁液（スラリー）試料にも利用できる．微粒子が含まれる試料などでは，適切な分散剤に微粒子を均質分散させることで，溶液試料と同様に噴霧が可能である．高精度な分析を行うには，懸濁液（スラリー）試料の試料粒径や分散剤を適切に選択することが必要であるが，微細な炭化ケイ素や窒化ケイ素を分散液として 10(v/v)%　Triton X-100 に分散させ，その懸濁液を連続噴霧することで，不純物金属元素の分析が検討されている．また，10% Triton　X-100 に分散させた石炭粉末試料中Cu，Fe，Mn，NiおよびVをICP-AESによって分析し，灰化分解–AASの結果との比較試験も行われている[26]．

一般的なネブライザーは石英やガラス製などであるが，この場合，試料中にフッ化水素酸（HF）を含むと素材が侵食されるため，使用できない．しかし，ケイ素（ケイ酸塩）を多く含む試料などでは，前処理においてフッ化水素酸の添加を必要とすることが多く，測定試料溶液に含有されていることがある．このような場合は，耐フッ化水素酸用の試料導入部を必要とする．耐フッ化水素酸用のネブライザーでは，PFA製やネブライザー出口の試料噴霧部にサファイヤ石などの侵食されない材料が使用され，スプレーチャンバーはポリプロピレンやPFA製で作られている．そのため，フッ化水素酸含有試料でも，侵食されることなく，材料からの汚染がない分析が可能である．

加えて，ICP-AESでの試料導入では，トーチ中心部の内径（インジェクターと称される場合もある）も影響することがある．特に有機溶媒などの揮発性が高いものを含む試料では，トーチより噴霧されたガス状成分がプラズマの手前で広がり，噴霧された試料がプラズマのドーナツ構造に入らない，またはプラズマの不安定さや消灯を起こす．このような場合には，トーチ中心部の内径がより細いものを選択することで，噴霧される試料の広がりの抑制や線速度が上がり，より効果的なICPへの導入が可能となる．

5.4.2 レーザー気化導入法

非伝導性物質試料の導入法としてレーザー気化（Laser　Ablation：LA）導入法は優れている．レーザー気化法は，主に固体試料を密閉された試料台に入れ，高出力レーザー光を照射することで，試料表面を溶解・蒸発させた極微小粒子を生成させ，キャリアガスによってICPへ導入する（**図5.8**）．レーザー気化導入装置は通常顕微鏡またはカメラなどの試料表面を観察できる機能を有する．そのため，レーザーの照射位置や照射範囲などの観測対象箇所を選択でき，試料中における元素のマッピングやスクリーニングには有効な手段である．また，局所表面領域を選択でき，表面層のみ，または深さ方向分析が可能であるため，材料の組成分析や評価などに優れている．

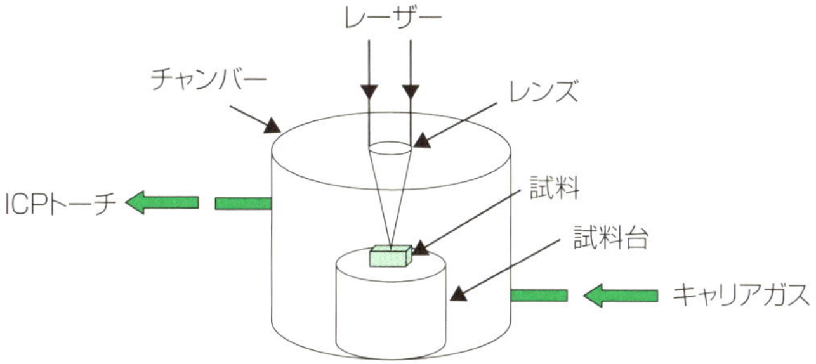

図 5.8 レーザーアブレーション法による試料導入装置例

一般的にレーザー気化導入法は，地質，鉱物，ガラスや高純度金属などの硬い試料（Hard sample）に適用される[27-29]．近年では，生物学的組織試料，食品・植物，さらには液体などの軟らかい試料（Soft sample）への適用も試みられているが，いずれの場合も定量性に問題がある．

生体試料では，ゲル分離技術が検討され，血清タンパク質中の金属元素の測定が行われた[30]．これは，血清などの液体試料を測定する際に，厚さ 1.5 mm 程度のアガロースゲル（Agarose gel）に試料を添加し，電気泳動法によって金属元素を分離移動させ，ゲルを乾燥後に LA 用試料に供する方法である．これ以降，生体試料の前処理としてゲル分離技術を利用した検討が多く報告されている[31-36]．

また，生物学的試料では，組織を凍結後にスライスして試料にすることで元素分布のイメージングとマッピングが行われている[37]．さらに，スライスした試料を冷却した試料台に乗せて測定することで，レーザー照射による熱の上昇を抑制すると同時に，試料強度を保つことも検討されている[38]．

分析における定量性をあげるため，試料自体に元々含まれる元素に着目し，それを内部標準として利用した分析法が検討されている[39]．本来レーザー気化導入法は，固体試料をそのまま取り扱えるのが大きな利点であるが，高精度分析を目的に，前処理による試料の均質化と内部標準元素の適用なども検討されている．Willie らはギ酸可溶化法[40]によって生物試料を液化し，標準液や内部標準元素を添加後に脱溶媒してペレット状にすることでレーザー気化用の試料

Chapter 5

を調製し，ICP-TOF-MS による定量性を議論している[41]．その結果，濃度分布が異なる類似標準物質を検量線に用いた定量，標準添加法およびその際の内部標準元素の有用性などが示されている．組成濃度が異なる 5 種の生物組織標準物質中の Cu を分析した結果を**図 5.9** に示す．この場合，内部標準元素を用いた分析により，相関性がよい分析結果が得られている．

これらの報告は ICP-MS に適用された例が多いが，レーザー気化導入法ではマトリックスが多量に流れ込むため，試料導入系（インターフェイス）などが汚れやすい．レーザー照射の照射範囲やスポットサイズなどを選択することで感度を稼げるため，比較的高濃度のものは ICP-AES でも測定でき，さらに ICP-AES のほうが高マトリックスの試料導入に対する汚れに強いため，LA-ICP-AES も有用となる．

ICP プラズマへの固体試料導入法には，前記した方法の他にもアーク／スパーク霧化法などもある．ここでは詳細を省略するが，固体試料導入法として，**表 5.2** にこれまでの方法と合わせた比較をまとめる．

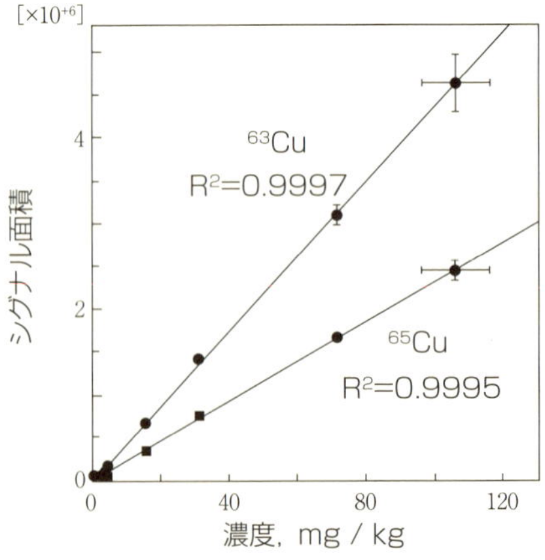

図 5.9 LA-ICP-TOF-MS による生物組織標準物質 5 種中の銅の分析例と相関性

表 5.2　固体試料導入法の比較

	利点	問題点
加熱気化法	分光干渉が少ない 必要試料量が少ない 固体・液体試料に対応	適用元素に制限有り 分析精度 固体試料の量り取り
懸濁液（スラリー）法	比較的高精度 標準液による定量が可能	微粉体のみの適用 適切な分散剤が必要 溶媒による干渉
レーザーアブレーション法	分光干渉が少ない 幅広い試料形状に対応 導電・非導電体ともに適用 局所・深さ分析が可能	精度（10～20%）に欠ける 定量には類似組成標準が必要 液体および軟材質には不利 内部標準・標準添加法など適用難
アーク／スパーク法	分光干渉が少ない 比較的高精度	非導電体は不可 定量には類似組成標準が必要

5.4.3
クロマトグラフィーまたはフローインジェクション法との結合

ネブライザーを用いたICP-AESにおける溶液試料の導入量は通常1.0 mL/min前後であり，高速液体クロマトグラフィー（HPLC），イオンクロマトグラフィー（IC）などの流れ分析法における流量とほぼ同程度である．そのため，クロマトグラフィーにおけるカラムとICPのネブライザーをチューブ類で結合することで，クロマトグラフィーのシステムをそのままに検出器としてICP-AESを利用できることが多い．高濃度の塩や有機溶媒を含む溶離液を使用する系ではプラズマが不安定になるため，系の選択は必要であるが，化学形態別分析，共存物の分離，フローインジェクション（Flow Injection System：FIA）の利用などでは有効な手段となる．

イオンクロマトグラフィーとICP-AESの組合せでは，焼却飛散灰中のCrを水酸化ナトリウム水溶液で抽出後，陰イオン交換カラムを用いてCr(III) とCr(VI) を分離し，希硝酸溶液を溶離液としてICPに導入することで，Cr(VI) の定量が行われている[42]．

また，フローインジェクション（FIA）とICP-AESの結合により，ppbレベルのCr(III) とCr(VI) の分別定量も検討されている[43]．流路を切り替えられるフローインジェクションシステムに活性アルミナを充填したカラムを接続し，Cr(III) および Cr(VI) を含む試料を通過させカラムに吸着させる（**図 5.10**）．その後，溶出液によってカラム吸着した Cr(III) または Cr(VI) を溶出し，ICP へ導入することで分別定量する．Cr(III) の分析では試料に 0.1 mol/L リン酸カリウム緩衝液（pH 7.0）を加え，溶離には 1 mol/L 硝酸を用いる．また，Cr(VI) の分析では，緩衝液に 0.1 mol/L 塩化カリウム溶液に塩酸を加えて pH 2.0 とし，溶離には 0.5 mol/L アンモニア水を用いる．

FIA の利用として，核酸中のリン（P）を測定した検討例もある．生体試料などは試料量が微量なため，連続噴霧法での測定が難しい場合がある．濃度が十分な場合には希釈などによって試料量を増やすこともできるが，低濃度の際には ICP-AES における検出が難しくなる．FIA に数十～数百 μL 程度のサンプルループを取り付け，少量かつ一定量の試料を採取後に流路を切り替えてサンプルループ内の試料を ICP に導入して測定する．この場合，1 回の分析に必要な試料量は連続噴霧と比較して約 1/10 となるが，分析における検出限界は連続噴霧と変わらない．さらに，生体試料であるヌクレオチド類 12 種を HPLC で分離後に ICP 発光分析で P を測定することで定量[44]が試みられているが，ここでは HPLC との組合せの詳細は省略する．

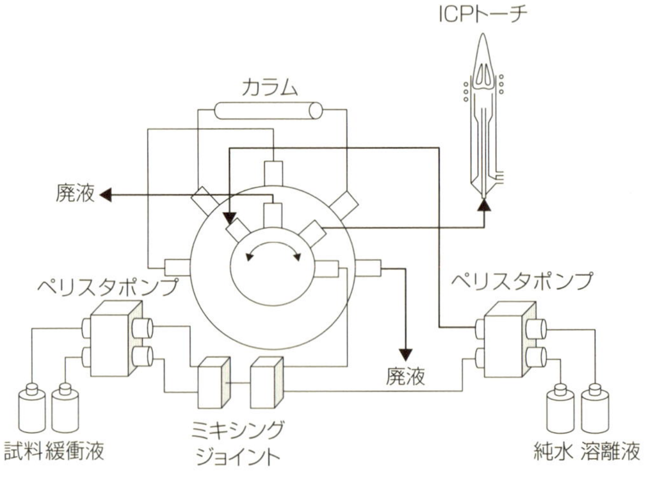

図 5.10 スイッチングバルブを利用したフローインジェクションによる試料導入流路

5.4.4 試料導入法の違いによるICP-AESのデータ処理

前記した貯圧式水素化物発生方式やサンプルループ方式で水素化物を発生させる場合，さらには加熱気化導入や流れ分析法（クロマトグラフィーやフローインジェクション）を使用するには，ICP-AESのデータ読み取り速度，データ処理方法，さらには安定化時間（読み取り待ち時間）などオペレーションソフトの最適化が必要である．

水溶液試料や水素化物が連続噴霧される場合の測定では，ICP-AESにおけるシグナル読み取りの間，連続的に一定量の発光シグナルが観測される．そのため，発光シグナル強度の読み取りは，目的とする固定波長に対して発光シグナル強度（面積または高さ）を繰り返し測定するのが一般的であり，水素化物発生法を使用しても通常の水溶液連続噴霧の際と同様のデータ処理で測定可能である．ただし，実際には，水溶液試料を取り扱う場合と比較して連続水素化物発生では水溶液がICPに入らないためプラズマ温度が異なる．また，ガス状成分が多く導入されるため，水溶液試料を用いて最適化した分析条件と最適な条件が異なる場合があり，特にキャリアガス流量の影響が大きい．そのため，最適なシグナルの読み取り時間，安定化までの時間などは水溶液の場合と異なるため，検討が必要である．

一方，貯圧式またはサンプルループ方式での水素化物発生や流れ分析法では，発光シグナルは比較的短い一定時間で出現する．さらに，流れ分析法では短い時間で出現する発光シグナルを連続的に長い時間モニタリングする実験系もある．そのため，データの読み込みを適切に設定することが精度よい分析を行うために必要である．

ICP-AESのデータ処理において，得られる発光強度の解析イメージを**図5.11**に示す．

図中（a）は通常の発光シグナル強度の解析であり，固定した目的波長に対して得られたシグナル強度（ピーク高さまたは面積）を読み取る．この場合，二次元図では横軸は波長，縦軸は発光強度であるが，実際の測定では固定波長に対して連続する発光強度を繰り返し測定している．また，（b）は水素化物発生法などを結合した連続噴霧測定などの際に得られるシグナル強度の挙動と

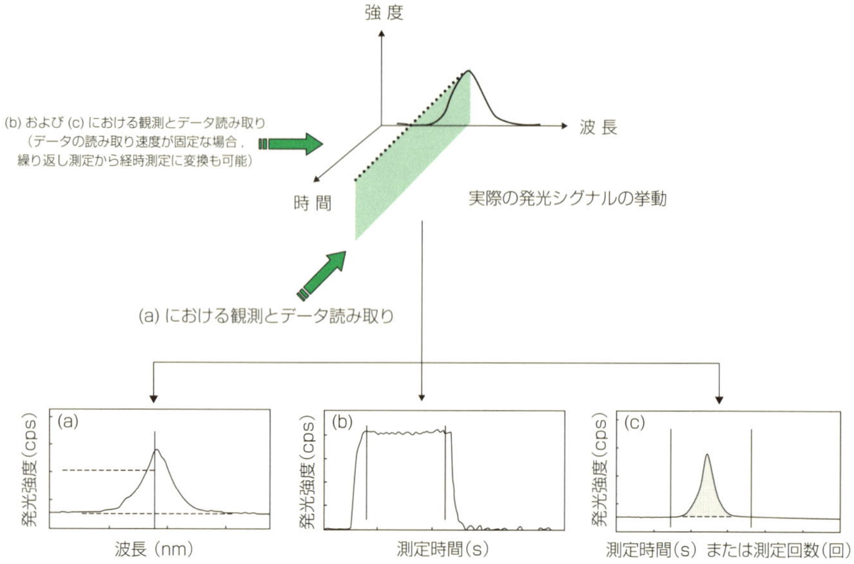

図 5.11　試料導入法に依存する発光シグナルの解析方法

データ解析である．この場合の横軸は時間であり，発光強度の読み取りはシグナルが最高かつ安定領域におけるシグナルのみ解析する．同様に（c）の横軸は時間（または測定回数．データの読み込み時間が固定の場合，読み込みの繰返し回数から時間換算が可能.）であり，固定波長における発光強度の経時変化を観測する．これは，流れ分析法などの発光シグナルの出現が短時間の場合，またはクロマトグラフィーなどを結合し，1 回の測定でいくつかのピークが観測される際に有用な方法である．観測されるシグナルは，そのピーク面積などから濃度計算などに用いる．

市販されている ICP-AES の一部には，発光強度を経時的に測定できる機能が搭載（時間－強度曲線，タイムスキャン，過渡測定などと言われることもある）されているものもある．この場合，発生した水素化物の発光スペクトルを経時的に観測でき，図 5.11（c）で示すクロマトグラムのようなシグナルが得られる．よって，その発光シグナルのピーク面積またはピーク高さから濃度と発光強度の関係を得ることができ，未知試料においても定量が可能である．

一方，装置によっては時間測定を搭載していないものもある．また，最近の

ICP-AESでは汎用性と安全性の面からさまざまな自動化が進み，分析条件などを設定するオペレーションソフトでも多くが自動化されている．そのため，発光シグナルの読み込みや積分時間などが自動設定されており，測定する発光シグナルの強度（試料濃度）に合わせて自動的に読み込み時間が変化する場合も多い．この場合，発光強度が小さい場合には自動的に読み込み時間が長くなり，大きい場合は短くするなどする．そのため，経時的に発光強度が変化して観測される実験系では，シグナル強度を規則的に測定するのが難しい．このような場合は，積分時間と繰返し測定回数を自ら適切に設定することで，簡易的な経時測定が可能になる．たとえば，データ採取の積分時間を1秒，繰返し測定回数を180回とすることで，1秒間あたりの発光強度を連続的に180回測定できるため，3分間におけるシグナルの変化を観測できる．これにより，比較的短時間で行われる反応は経時変化測定が可能である（測定回数や時間などは装置によってデータ処理できる量と速さが異なるので注意）．ただし，この場合，ICP-AESの特徴でもある多元素同時分析が難しい場合もある．検出器が多元素同時型（マルチチャンネルまたは直読式）の場合は，複数元素測定を同時に検出可能なため多元素測定ができるが，シーケンシャル型での多元素測定は分光器が動くためにデータの読み込みにわずかなずれを生じ，測定がばらつく可能性がある．

参考文献

1）W. Holak : *Anal. Chem.*, **41**, 1712（1969）.
2）F. J. Schmidt, J. L. Royer : *Anal. Lett.*, **6**, 17（1973）.
3）K. C. Thompson, D. R. Thomerson : *Analyst*, **99**, 595（1974）.
4）中原武利：ぶんせき，pp.902（1982）.
5）JIS K 0102-2008：工場排水試験方法.
6）F. D. Pierce, H. R. Brown : *Anal. Chem.*, **48**, 693（1976）.
7）池田昌彦，西部次郎，中原武利：分析化学，**30**, 368（1981）.
8）O. Astrom : *Anal. Chem.*, **54**, 190（1982）.
9）池田昌彦，中田文夫，松尾　博，熊丸尚宏：分析化学，**33**, 416（1984）.
10）H. Narasaki, M. Ikeda : *Anal. Chem.*, **56**, 2059（1984）.
11）K. Jin, H. Terada, M. Taga : *Bull. Chem. Soc. Jpn.*, **54**, 2934（1981）.

12) G. F. Kirkbright, M. Taddia : *Anal. Chem. Acta*, **100**, 145 (1978).
13) R. Bye, L. Engvik, W. Lund : *Anal. Chem.*, **55**, 2457 (1983).
14) J. Kirby, W. Maher, M. Ellwood, F. Krikowa : *Aust. J. Chem.*, **37**, 957 (2004).
15) R. H. Atallah, D. A. Kalman : *Talanta*, **38**, 167 (1991).
16) A. G. Howard, L. E. Hunt : *Anal. Chem.*, **65**, 2995 (1993).
17) R. Schaeffer, C. Soeroes, I. Ipolyi, P. Fodor, N. S. Thomaidis : *Anal. Chimi. Acta*, **547**, 109 (2005).
18) R. Rubio, A. Padró, J. Albertí, G. Rauret : *Anal. Chim. Acta*, **283**, 160 (1993).
19) R. Rubio, J. Albertí, A. Padró, G. Rauret : *Trends Anal. Chem.*, **14**, 274 (1995).
20) T. Nakazato, H. Tao : *Anal. Chem.*, **78**, 1665 (2006).
21) S. N. Willie : *Spectrochim. Acta, Part B*, **51**, 1781 (1996).
22) M. A. Lopez, M. M. Gomez, M. A. Palacios, C. Camera : *Fresenius' J. Anal. Chem.*, **346**, 643 (1993).
23) 中原武利：分析化学，**46**，513 (1997).
24) H. Uchihara, M. Ikeda, T. Nakahara : *J. Anal. At. Spectrom.*, **19**, 654 (2004).
25) A. Asfaw, G. Wibetoe : *Spectrochim. Acta, Part B*, **64**, 363 (2009).
26) L. Ebdon, J. R. Wilkinson : *J. Anal. At. Spectrom.*, **2**, 325 (1987).
27) C. C. Garcia, H. Lindner, K. Niemax : *J. Anal. At. Spectrom.*, **24**, 14 (2009).
28) S. Berends-Montero, W. Wiarda, P. de Joode, G. van der Peijl : *J. Anal. At. Spectrom.*, **21**, 1185 (2006).
29) M. Shaheen, J. E. Gagnon, Z. Yang, B. J. Fryer : *J. Anal. At. Spectrom.*, **23**, 1610 (2008).
30) J.L.Neilsen,A.Abildtrup,J.Christensen,P.Watson,A.Cox,C.W.McLeod:*Spectrochim. Acta, Part B*, **53**, 339 (1998).
31) J. S. Becker, M. Zoriy, B. Wu, A. Matusch, J. S. Becker : *J. Anal. At. Spectrom.*, **23**, 1275 (2008).
32) L. A. Polatajko, M. Azzolini, I. Feldmann, T. Stuezel, N. Jakubowski : *J. Anal. At. Spectrom.*, **22**, 878 (2007).
33) A. Venkatachalam, C. U. Koehler, I. Feldmann, P. Lampen, A. Manz, P. H. Roos, N. Jakubowski : *J. Anal. At. Spectrom.*, **22**, 1023 (2007).
34) J. S. Becker, H. Sela, J. Dobrowolska, M. Zoriy, J. S. Becker : *Int. Mass Spectrom.*, **270**, 1 (2008).
35) J. S. Becker, M. Zoriy, M. Przybylski : *J. Anal. At. Spectrom.*, **22**, 63 (2007).
36) I. Hubova, M. Hola, J. Pinkas and V. Kanicky : *J. Anal. At. Spectrom.*, **22**, 1238 (2007).
37) M. V. Zoriy, M. Dehnhardt, A. Matusch, J. S. Becker : *Spectrochim. Acta, Part B*,

63, 375（2008）.
38）J. Feldmann, A. Kindness, P. Ek : *J. Anal. At. Spectrom.*, **17**, 813（2002）.
39）A. Kindness, C. N. Sekaran, J. Feldmann : *Clin. Chem.*, **49**, 1916（2003）.
40）C. Scriver, M. Kan, S. Willie, C. Soo, H. Birnboim : *Anal. Bioanal. Chem.*, **381**, 1460（2005）.
41）T. Narukawa, S. Willie : *J. Anal. Spectrom.*, **25**, 1145（2010）.
42）T. Narukawa, K. W. Riley, D. H. French, K. Chiba : *Talanta*, **73**, 178（2007）.
43）株式会社パーキンエルマージャパンアプリケーションノート：AN 1366 J-ASSP.
44）K. Yoshida, H. Haraguchi, K. Fuwa : *Anal. Chem.*, **55**, 1009（1983）.

Chapter 6
試料の前処理

試料の前処理は，広義では採取した試料を分析可能な状態にするまでのすべての工程を指す．したがって，たとえば水質試料については採取器具類や保存容器の洗浄，採取試料のろ過や保存，試料の希釈操作なども前処理に含まれる．本章では，狭義の前処理として，試料の分解方法と分析目的元素の分離・濃縮法について概説する．

6.1 試料分解法

ICP-AESは，Chapter 5で述べられているようにさまざまな試料導入法が利用できるが，基本的には溶液試料を対象とする分析法である．そのため，固体試料を分析するためには，溶液化（分解）が必須である．また，液体試料についても，粒子状物質や有機物を含む場合にはその分解が必要である．試料の分解法は，試料の主要構成成分（岩石・土壌成分なのか有機成分なのかなど），分析目的元素の種類や濃度レベル，分析の目的（全量なのか抽出量なのか）などに応じて適切に選択する必要がある．また，通常の溶液噴霧による試料導入においては，試料溶液中元素の化学形態は分析値にほとんど影響を与えないが，ヒ素やセレンのように試料導入に水素化物発生法を用いる場合や，後述の固相抽出法や溶媒抽出法による分離・濃縮法を使用する場合など，試料導入や分離・濃縮法に反応を使用する場合には，試料溶液中元素の化学形態にも留意する必要がある．

本節では，環境省「有害大気汚染物質測定方法マニュアル[1]」（以下「マニュアル」と略す）に規定された，大気粉じんの分解法を例として解説する．このマニュアルでは，大気粉じん中の金属類の分析法として，大気汚染防止法で有害大気汚染物質に該当する可能性のある物質として特に優先的に取り組むべき物質（優先取組物質）であるNi，As，Be，Cr，Mnの5元素と，Cd，Pbなどを含む多元素同時分析の手法が規定されている．前処理法には**表6.1**に示すように分析対象元素に応じて6種類の分解法が規定されており，大きく分類して開放系酸分解法，圧力容器法（マイクロ波加熱酸分解法），アルカリ融解法の3種類に大別される．なお，金属，セラミックス，樹脂などの分解法についてはChapter 7に詳細な解説があるのでそちらを参照していただきたい．また，試料の分解法についてはさまざまな参考書や文献があるので，その一部を

表 6.1　有害大気汚染物質測定方法マニュアルに規定された大気粉じんの分解法

マニュアル中の名称	分解法の分類	分解法の概要	分析対象元素
A 法（フッ化水素酸・硝酸・過塩素酸法）	開放系酸分解法	硝酸・塩酸分解 ↓ フッ化水素酸・硝酸・過塩素酸分解 ↓ 乾固直前（過塩素酸白煙まで） ↓ 硝酸溶解 ↓ ろ過 ↓ 硝酸溶解 ↓ 蒸発乾固 ↓ 硝酸溶解・定容	Ni, Be, Mn
B 法（圧力容器法）	圧力容器法	硝酸・過酸化水素分解 ↓ ろ過 ↓ 定容	Ni, As, Be, Mn
		フッ化水素酸・硝酸（・過酸化水素）分解 ↓ ろ過 ↓ 乾固直前 ↓ 定容	多元素分析用（Cr を含む）
C 法（塩酸・過酸化水素法）	開放系酸分解法	塩酸・過酸化水素分解 ↓ ろ過 ↓ 蒸発乾固 ↓ 塩酸溶解・定容	Ni, Be, Mn（回収率が 90 %以上の場合）
D 法（硝酸・塩酸（王水）法）	開放系酸分解法	硝酸・塩酸分解 ↓ ろ過 ↓ 蒸発乾固 ↓ 硝酸溶解・定容	Ni, Be, Mn（回収率が 90 %以上の場合）

表 6.1 つづき

E 法（硝酸・硫酸法）	開放系酸分解法	硝酸分解 ↓ 硫酸分解・塩酸加熱 ↓ ろ過 ↓ 蒸発乾固 ↓ 塩酸溶解・定容	As
G 法（アルカリ融解法）	アルカリ融解法	硫酸・フッ化水素酸分解 ↓ 炭酸ナトリウム・硝酸ナトリウム融解 ↓ 塩酸溶解 ↓ ろ過 ↓ 定容	Cr

参考文献として挙げた[2-7]．

6.1.1 開放系酸分解法

無機酸とともに試料を加熱して試料を溶液化する方法で，硝酸，塩酸，過塩素酸，硫酸，フッ化水素酸，過酸化水素などの酸を用いる．ICP-AES 分析のための前処理には，比較的安価で不純物レベルの低い電子工業用試薬を用いれば十分であるが，必要に応じて超高純度試薬を用いることもできる．一般的に ICP-AES や ICP-MS 分析のための前処理では，硝酸をベースにした混酸が用いられる．これは，

- 硝酸が高濃度でほどほどの酸化力を持つ
- 金属類と不溶性の化合物を生成しにくい
- スペクトル干渉の原因になりにくい

などが要因として挙げられる[2]．塩酸は，硝酸と混合して加熱することで非常

に強い酸化力を持つNOClやCl_2などの蒸気が発生するため，硝酸との混酸（塩酸と硝酸を3：1の割合で混合したものが王水である）として使用するほか，単独では酸化力を持たない酸として使用される．濃過塩素酸や濃硫酸は加熱されると強力な酸化力を示すため，難分解性の試料を溶解するのに利用される．ただし，両者ともに沸点や粘度が高いため，

- 沸点が低い酸と比較して不純物レベルが高い
- 物理干渉の原因となる
- ICP-MSにおいてスペクトル干渉の原因となる

などのデメリットがあるので注意が必要である．このため，近年では過塩素酸の代わりに過酸化水素を適用するケースが増えている．過酸化水素は，水と同様に水素と酸素のみから構成されるため，特にICP-MSにおいてスペクトル干渉の新たな要因とならないことが大きなメリットとして挙げられる．ただし，過塩素酸，硫酸，過酸化水素は，有機物と激しく反応するため，あらかじめ硝酸のみを用いて試料をできるだけ分解した後，必要最低限の試薬を用いることが重要である．特に過塩素酸は単独で有機物の分解に使用すると爆発の危険性があるため，硝酸を共存させて使用するとともに，決して乾固させてはならない．フッ化水素酸は，強力な錯形成作用による反応性を持っており，ケイ酸塩を溶解できる数少ない酸の一つである．そのため，岩石・土壌試料やケイ素を多量に含む植物試料の完全分解には必須である．ただし，ガラスを溶解するため，

- 分解操作の最終段階で完全に揮発除去する
- 樹脂製の定量器具類や耐フッ化水素酸の試料導入系を使用する
- ホウ酸によりマスキングする

などの対策が必要である．試料の加熱にはホットプレートやヒートブロックなどが用いられ，微量金属測定用にメタルフリータイプの装置も利用できる．加熱時の温度は，酸の沸点よりやや低めに設定すると効率よく分解できるが，加

熱装置の標示値と実際の分解容器の温度がしばしば異なることがある．また，加熱装置に温度むらがあると，試料によって分解効率に違いが生じるので注意が必要である．このような場合に，実際の温度を計測する必要がある際には，非接触型の温度計（放射温度計）を利用すると便利である．開放系酸分解法は，分解容器が周辺空気と接触するため，汚染防止のためにクリーンドラフトやHEPAまたはULPAフィルター付きのフード内に設置して使用することが望ましい．分解容器には，PTFEやPFAなどのフッ素樹脂製のものを用いるが，フッ素樹脂の耐熱温度が250℃程度であるため，硫酸白煙処理の必要がある際にはガラス製の容器を使用する．また，比較的低温での分解にはポリプロピレン製の容器も使用できる．

前述の「マニュアル」では，Ni，As，Be，Mnを定量するための分解法として開放系酸分解法が採用されている．大気粉じんの分析では，試料中に含まれる元素の「全量」を分析対象とするため，分解法には試料の全分解が基本的に用いられる．大気粉じんは，土壌起源粒子や海塩粒子のような自然起源粒子と，ばいじんやディーゼル黒煙のような人為起源粒子の混合物であり，その全分解のためには，硝酸をベースに使用し，土壌起源粒子の分解のためのフッ化水素酸と，難分解性有機物の分解のための過塩素酸の併用が必要である．マニュアルに規定された分解法のフローを**図6.1**に，開放系酸分解の様子を**図6.2**に示すが，その概要は以下のとおりである．まず，試料の適量をPTFE製のビーカーに分取し，硝酸と塩酸を添加し130℃で約1時間加熱分解する．続けてフッ化水素酸・硝酸・過塩素酸を添加して200℃に温度を上げて有機物が完全分解するまで加熱を続ける．その後，分解溶液をいったん乾固直前（過塩素酸白煙）まで加熱して余剰のフッ化水素酸を除去し，残さを希硝酸で溶解してろ過したものを，フッ化水素酸を完全に除去するために再び蒸発乾固する．最後に，残さを希硝酸で溶解し，定容したものを試験液とする．この硝酸・フッ化水素酸・過塩素酸による分解法は，Ni，Be，Mnの分析に適用できるが，非常に煩雑な操作が必要であるため，塩酸・過酸化水素あるいは硝酸・塩酸（王水）を用いる分解法で十分な回収率（90％以上）が得られれば，これらの方法を用いてもよいとされている．一方，Asの分析法には水素化物発生ICP-AESが用いられるため，試料中のヒ素をすべて無機化する必要がある．

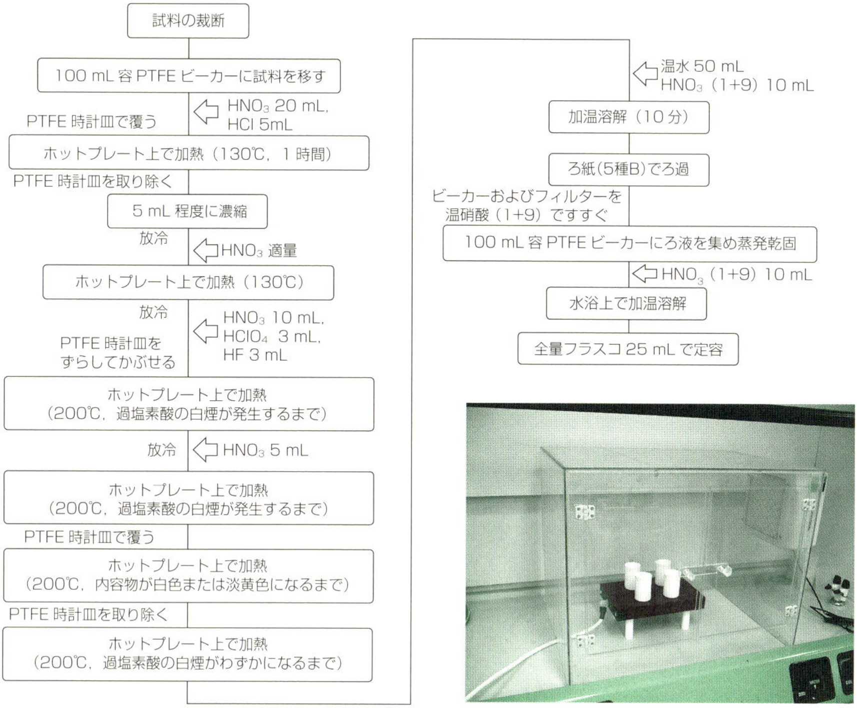

試料の裁断
100 mL 容 PTFE ビーカーに試料を移す
PTFE 時計皿で覆う
HNO3 20 mL,
HCl 5mL
ホットプレート上で加熱（130℃，1 時間）
PTFE 時計皿を取り除く
5 mL 程度に濃縮
放冷
HNO3 適量
ホットプレート上で加熱（130℃）
放冷
PTFE 時計皿を
ずらしてかぶせる
HNO3 10 mL,
HClO4 3 mL,
HF 3 mL
ホットプレート上で加熱
（200℃，過塩素酸の白煙が発生するまで）
放冷
HNO3 5 mL
ホットプレート上で加熱
（200℃，過塩素酸の白煙が発生するまで）
PTFE 時計皿で覆う
ホットプレート上で加熱
（200℃，内容物が白色または淡黄色になるまで）
PTFE 時計皿を取り除く
ホットプレート上で加熱
（200℃，過塩素酸の白煙がわずかになるまで）
温水 50 mL
HNO3（1+9）10 mL
加温溶解（10 分）
ろ紙（5種B）でろ過
ビーカーおよびフィルターを
温硝酸（1+9）ですすぐ
100 mL 容 PTFE ビーカーにろ液を集め蒸発乾固
HNO3（1+9）10 mL
水浴上で加温溶解
全量フラスコ 25 mL で定容

図 6.1　開放系酸分解法による大気粉じんの分解フロー

これは，試料溶液中に有機ヒ素が含まれる場合には，水素化物の生成効率が低く，分析値に負の誤差が生じるためである．有機ヒ素化合物の無機化のためには，250℃ 以上で加熱する必要があるため，マニュアルでは試料の分解に硫酸を併用し，硫酸白煙（300℃ 程度）の高温で分解する方法が採用されている．

6.1.2
圧力容器法（マイクロ波加熱酸分解法）

圧力容器法は，ステンレス製や樹脂製の密閉容器に試料と酸を入れ，乾燥器やマイクロ波加熱装置で加熱して試料を分解する方法で，近年ではマイクロ波加熱酸分解法[3)]が主流となっている．マイクロ波加熱酸分解法は，マイクロ波のエネルギーを分解溶液に直接与えて加熱するために，開放系酸分解法のよう

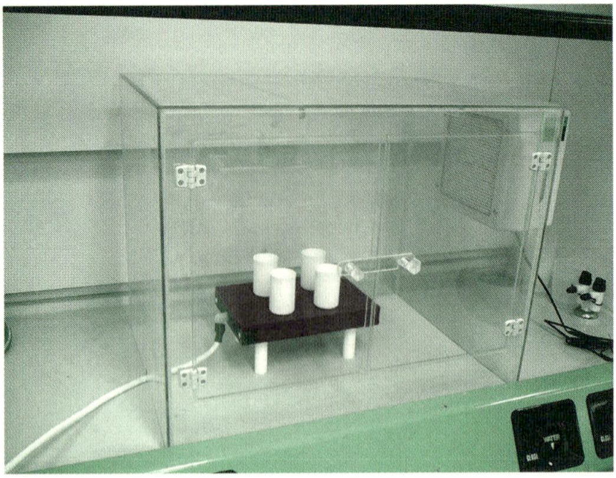

図 6.2　開放系酸分解の様子

分解操作中の汚染防止のため，ドラフト内に ULPA フィルター付きのフードを設置し，その中でメタルフリーのホットプレートを使用している．

な容器の外部から加熱する方法と比較して，均一で効率のよい分解が可能となる．また，一般的に分解容器として密閉容器を使用するため，加圧による分解の促進や汚染の低減化も可能である．ただし，特に有機物の分解など分解ガスの発生が伴う場合には，分解容器の耐圧性に制限があるために，処理できる試料量が限られる．この場合，試料に硝酸のみを添加して一晩放置するなどの予備分解を併用することで，分解できる試料量を増加させることができる．なお，マイクロ波加熱酸分解法に用いられる専用装置は比較的高価であるが，分解容器の温度や圧力のモニターにより出力のコントロールができるために効率的な分解が可能であるだけでなく，万が一の事故（分解容器内部の圧力上昇による酸の噴出や容器の破損など）への対策が講じられているために，安全面から考えても専用装置の使用が強く推奨される．

「マニュアル」では，Ni，As，Be，Mn の定量のための前処理法として硝酸・過酸化水素を用いる方法が採用されている．この方法では，フッ化水素酸を用いないために大気粉じんの全分解は不可能であるが，前述の元素が，硝酸・過酸化水素を用いる加圧分解によりほぼ全量が抽出されるために試料中の全量とみなすことができる．ただし，Cr についてはその大部分が土壌起源のケイ酸塩の結晶構造の中にとりこまれていることが知られているため，フッ化水素酸・硝酸・過酸化水素の混酸を用いる必要がある．**図 6.3** にフッ化水素酸・硝酸・過酸化水素を用いるマイクロ波加熱酸分解法のフローを示した．試料の適量を分解容器に分取し，フッ化水素酸 3 mL と硝酸 5 mL を添加する．粉じん濃度が高い場合は，過酸化水素 1 mL も併用する．分解容器を密閉し，加熱プログラムに従って試料を加熱する．**表 6.2** に，マイクロ波加熱プログラムの一例を示すが，これは温度センサーを用いて出力を制御するタイプの専用装置を用いたときのものである．まず，1000 W で 2 分間加熱して室温から 50℃まで昇温し，いったん出力を落として 3 分間で 30℃ まで温度を下げる．これは，酸による急激な反応を防ぐためである．続けて，1000 W で 17 分かけて 220℃ まで昇温した後，過熱状態になるのを防ぐために再度出力を落として 1 分間で 190℃ にまで冷却する．最後に，1000 W で 4 分間かけて 220℃ まで昇温し，13 分間 220℃ を保って試料を分解する．分解終了後，分解容器が十分に冷却されたことを確認して容器を開け，有機物の分解が不十分の場合は硝酸を添加して再度マイクロ波加熱をする．分解溶液をろ紙（5 種 B）でろ過したものをテフロンビーカーに移し，同様にろ過した分解容器のすすぎ液と合わ

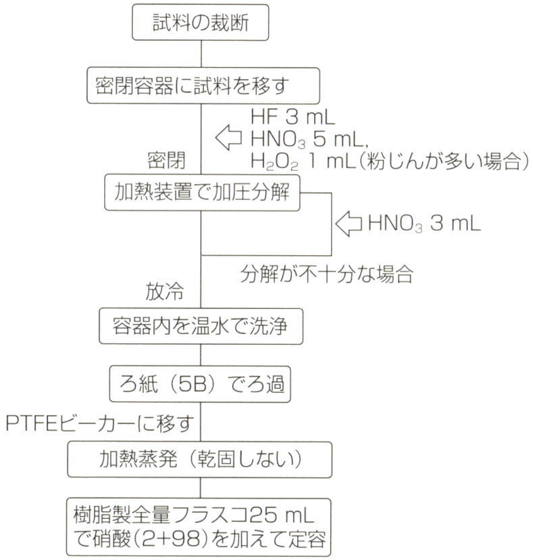
試料の裁断
密閉容器に試料を移す
HF 3 mL
HNO3 5 mL,
H2O2 1 mL（粉じんが多い場合）
密閉
加熱装置で加圧分解
HNO3 3 mL
分解が不十分な場合
放冷
容器内を温水で洗浄
ろ紙（5B）でろ過
PTFEビーカーに移す
加熱蒸発（乾固しない）
樹脂製全量フラスコ25 mL
で硝酸(2+98)を加えて定容

図 6.3　マイクロ波加熱酸分解法による大気粉じんの分解フロー

表 6.2　マイクロ波加熱プログラムの一例

ステップ	時間 (min)	出力 (W)	温度 (℃)
1	2	1000	50
2	3	0	30
3	17	1000	220
4	1	0	190
5	4	1000	220
6	13	1000	220

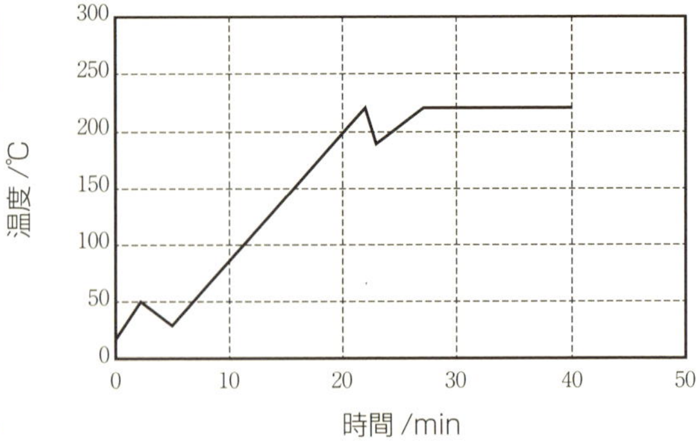

せたものを乾固しないように加熱蒸発して，余剰のフッ化水素酸の大部分を除去する．これを，フッ素樹脂またはポリプロピレン製の全量フラスコに移し入れ，希硝酸（2+98）で定容したものを試験液とする．なお，ICP-MSで多元素同時分析を行う際の前処理法には，フッ化水素酸・硝酸・過酸化水素を用いる方法が採用されているが，これは多くの元素がケイ酸塩中に含まれているためである．

6.1.3
アルカリ融解法

岩石・土壌試料や，セラミックスなどの難分解性酸化物などの酸による溶液化が困難な試料の分解には，融解法が用いられる．アルカリ融解法は，白金るつぼ中で炭酸ナトリウムやホウ酸リチウムなどのアルカリ性融剤とともに試料を加熱し，酸可溶性の化合物に変換して塩酸や硝酸に溶解する方法である．ただし，試料を1000℃程度に加熱するため，銅やカドミウムなどの揮発性の高い元素の揮発損失が問題となる．特に，塩化物イオンを多量に含む試料の場合には，沸点の低い塩化物の揮発が顕著となる．また，白金は多くの金属類と合金を形成するため，白金るつぼへの合金形成による分析目的元素の損失や，履歴による汚染が問題となることがある．このような場合は，まず硝酸や塩酸で酸可溶性成分を抽出し，その残さをアルカリ融解法により分解して全量を求める方法が有効である．また，白金るつぼを炭素とともに加熱すると，白金カーバイドが生成してるつぼの損傷の原因となるため，加熱にバーナーを使用する場合には還元炎を当ててはならない．また，試料に多量の有機物を含む場合には，同様の理由で容器内部の損傷の原因となるので，あらかじめ有機物を分解または灰化により除去することが必要である．加熱には，一般的にバーナーや電気炉が用いられるが，近年ではアルカリ融解が適用できるマイクロ波加熱装置も市販されている．なお，アルカリ融解法により溶液化した試料溶液には，融剤に起因するマトリックス（リチウムやナトリウムなどのアルカリ金属）が非常に高濃度に含まれるため，特にICP-AES測定におけるイオン化干渉や，ICP-MSにおけるマトリックス効果に留意する必要がある．

大気粉じんの分析においては，Crの分析のための前処理法としてアルカリ融解法が「マニュアル」に採用されている．これは，前述のようにCrがケイ酸塩の結晶構造に取り込まれており，酸分解法では分解が困難なためである．大気粉じんの分解の手順は**図 6.4** に示すようなフローで行うが，融解操作に先立ち，まず白金るつぼに大気粉じんを捕集したフィルターの適量を入れ，電気炉を用いて500℃で灰化処理した後，硫酸とフッ化水素酸を用いて試料の大部分を分解する．引き続きフッ化水素酸と硫酸を完全に除去した後，残さに炭酸ナトリウム1.0 gおよび硝酸ナトリウム0.1 gを加えてよく混合し，ふたを閉めて直火で徐々に温度を上げながら強熱して融解する．最後に融解物は希塩酸により溶解し，不溶物をろ過したものを測定に供する．

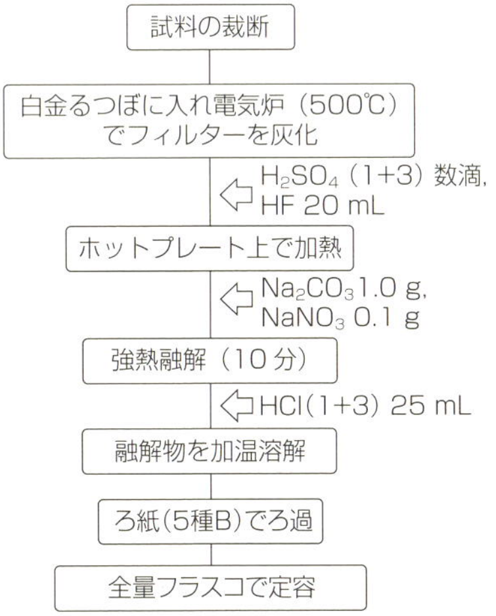

図 6.4 アルカリ融解法による大気粉じんの分解フロー

6.2 分離・濃縮法

分析目的元素が極低濃度で，使用する分析装置で試料溶液の直接分析が困難な場合は分析目的成分の濃縮が必要となる．最も単純な濃縮法は，蒸発濃縮であるが，この方法では分析目的元素だけでなくマトリックスも同時に濃縮されてしまう．Chapter 4 で述べられているように，ICP-AES ではマトリックスによる干渉が分析上の大きな問題となるため，微量成分元素の精確な定量のためには，分析目的元素の分離が不可欠である．本節では，ICP-AES 測定のために用いられる分離・濃縮法のうち，代表的に用いられる溶媒抽出法，固相抽出法，共沈法について以下で概説する．

6.2.1 溶媒抽出法

溶媒抽出法は，水相と混ざらない無極性の有機溶媒を用い，水相中の分析目的元素を無極性の有機錯体またはイオン対として有機相に移す方法である．抽出試薬には一般的にキレート試薬が用いられ，現在 ICP-AES 測定のための前処理に使用されているものとしては，DDTC（diethyldithiocarbamic acid：ジエチルジチオカルバミド酸），APDC（ammoniumpyrrolidine dithiocarbamate：1-ピロリジンカルボチオ酸アンモニウム），HMAHMDC（hexamethyleneammonium hexamethylenedithiocarbamate：ヘキサメチレンアンモニウム-ヘキサメチレンカルバモジチオ酸）が挙げられる．キレート抽出では，アルカリ，アルカリ土類金属がほとんど抽出されないため，環境試料や生体試料中の微量成分元素の分離・濃縮法として有効である．Tao らは，抽出試薬として APDC と HMAHMDC の混合試薬を，抽出溶媒としてキシレンを用い，55 種類のイオン種について回収率の検討を行った[8]．その結果，検討したイオン種の内27種類について同時回収が可能であり，一方，アルカリ土類金属，アルミニウム，ケイ素，ホウ素，希土類元素などは抽出されないことが明らかとなった．これらの結果は，APDC/HMAHMDC–キシレン抽出がICP-AES用の前処理法として有用であることを示している．**表6.3**にこの方法で得られた最適pHにおける回収率を示す[8)]．表からわかるように，ほとんどの元素がpH 4～5でほぼ定量的に回収されていることがわかる．

実際の抽出操作の一例として，JIS K 0102[9)]に規定されたAPDC/HMAHMDC–キシレン抽出／ICP-AES法の手順を**図6.5**に示す．あらかじめ硝酸分解などの前処理を施した試料水500 mLをビーカーに分取し，塩酸5 mLを添加してホットプレート上で5分間煮沸する．これは，抽出目的金属をすべ

表 6.3 APDC/HMAHMDC 抽出による各種イオンの抽出率[8)]

イオン	抽出率，%	イオン	抽出率，%
Ag(I)	91.5 (pH6)	Ni(II)	99.4 (pH5)
As(III)	99.4 (pH4)	Os(VIII)	98.6 (pH4)
As(V)	5.0 (pH1)	Pb(II)	93.3 (pH5)
Au(III)	99.4 (pH4)	Pd(II)	100.0 (pH4)
Bi(III)	99.1 (pH4)	Pt(II)	53.5 (pH3)
Cd(II)	99.5 (pH5)	Sb(III)	99.1 (pH4)
Co(II)	99.1 (pH5)	Sb(V)	102.6 (pH1)
Cr(VI)	90.0 (pH5)	Se(IV)	99.5 (pH4)
Cu(II)	100.0 (pH5)	Sn(II)	93.6 (pH4)
Fe(II)	100.4 (pH5)	Sn(IV)	95.8 (pH4)
Fe(III)	99.2 (pH5)	Te(IV)	99.1 (pH4)
Ga(III)	98.3 (pH4)	Ti(IV)	93.5 (pH4)
Hg(II)	97.9 (pH4)	Tl(I)	93.7 (pH6)
In(III)	98.4 (pH4)	V(V)	99.4 (pH5)
Mn(II)	97.4 (pH5)	W(VI)	93.2 (pH3)
Mo(VI)	99.8 (pH5)	Zn(II)	99.8 (pH5)
Nb(V)	99.4 (pH4)		

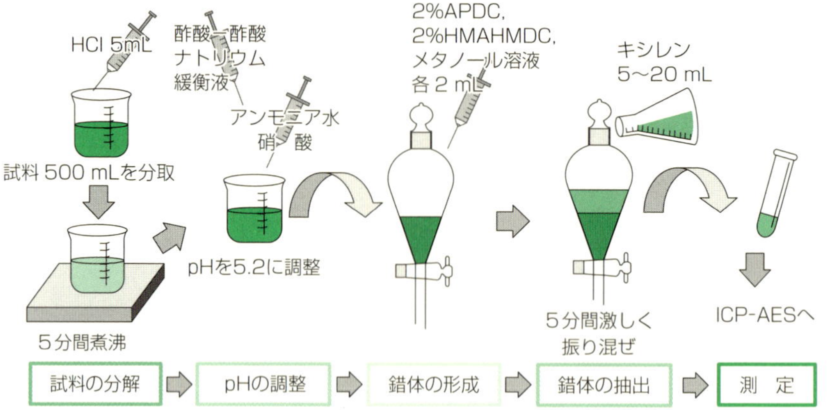

図 6.5 APDC/HMAHMDC–キシレン抽出法の手順

てイオン状にするためである．放冷後，酢酸–酢酸ナトリウム緩衝液（pH 5）を 10 mL 添加し，アンモニア水（1+1）または硝酸（1+10）を用いて溶液の pH を 5.2 に調整する．この溶液を分液ロートに移し，2% APDC および 2% HMAHMDC のメタノール溶液を各 2 mL 添加・混合して，金属–有機錯体を形成する．これにキシレンを 5～20 mL 加え，5 分間激しく振り混ぜて，金属–有機錯体をキシレン層に抽出する．最後に水層を捨て，キシレン層をそのまま，またはいったん乾固した後に希硝酸に溶解して，ICP-AES 測定に供する．JIS K 0102 では，ICP-AES 測定のための Cu，Zn，Pb，Cd，Mn，Fe，Ni，Co，Mo，V の濃縮法として，APDC/HMAHMDC–キシレン抽出を採用している．

溶媒抽出法は，原子吸光分析法や ICP-AES のための金属類の分離・濃縮法として広く用いられてきたが，

① 煩雑な操作が必要で時間がかかる
② 使用するガラス器具類の種類や数が多い
③ 使用する試薬の種類や量が多い

などの理由から汚染の問題が大きい場合がある．また近年では，環境汚染防止

や作業者の健康管理の観点から，化学分析においてもなるべく有機溶媒を使用しない手法が望まれる．そのため，後述の固相抽出法の適用が進んでいる．

6.2.2 固相抽出法

固相抽出法は，官能基を樹脂やシリカゲルなどの担体（固相）に固定された分離剤により分析目的元素を分離・濃縮する方法で[10–12]，官能基の種類により，キレート型，イオン交換型，分子認識型，逆相型などに分類される．金属類の分離・濃縮にはキレート型の分離剤が最も一般的に用いられる．なお，イオン交換型は陽イオンと陰イオンの分離や価数の分離に，分子認識型はイオンサイズによる分離に，逆相型は有機金属化合物の分離濃縮に適用できる．

キレート型の分離剤として一般的に用いられるキレート樹脂は，スチレンジビニルベンゼン共重合体やメタクリレート共重合体を基材に用いた樹脂に官能基を固定したもので，さまざまな樹脂が市販されている．このキレート樹脂を用いる分析目的元素の分離・濃縮法は，バッチ法とオンライン法の２種類に大別される．さらにバッチ法には，キレート樹脂を試料溶液の入ったビーカーに添加し試料とともに攪拌するビーカーバッチ法と，キレート樹脂を充填したカラムに試料溶液を通液するカラムバッチ法があり，それぞれ一長一短がある．オンライン法では，キレート樹脂を密封したカラムを用い，シリンジポンプやペリスタリックポンプを用いて自動的に分離・濃縮を行うことができる．また，市販の固相カートリッジとして，キレート樹脂をシリンジバレルやルアーデバイスに充填したカラムタイプや，キレート樹脂を PTFE 繊維に固定化したメンブランディスクタイプが利用できる．これらの固相カートリッジは，カラムバッチ法やオンライン法[13]に適用できる．

固相カラムを用いるカラムバッチ法による固相抽出法の概念図を**図 6.6** に示す．まず，使用する固相カラムを洗浄，活性化する（コンディショニング）．次に，試料溶液を固相カラムに通液する．このとき，目的成分は固相に吸着・保持され，共存成分の大部分は固相に保持されずに除去される．固相に残存した共存成分は，洗浄液を用いて洗浄し，最後に溶出液により固相に吸着した目的成分を溶出する．最初に通液する試料の量と，最後の溶出液の容量比から濃

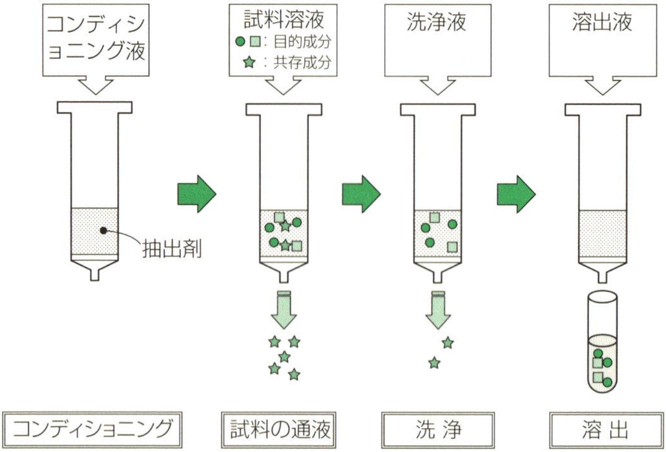

図 6.6 カラムバッチ式固相抽出法の概念図

縮倍率が決定する．たとえば，1000 mL の試料溶液を通液し，10 mL の溶出液で溶出すれば，100 倍濃縮が達成できる．

キレート樹脂で用いられる官能基には，研究レベルではさまざまなタイプのものが検討されているが[14,15]，市販のキレート型固相抽出剤にはイミノ二酢酸系の官能基が最も広く用いられている．イミノ二酢酸（iminodiacetate）基は，**図 6.7** のように EDTA（ethylenediaminetetraacetic acid：エチレンジアミン四酢酸）を半分にしたような構造をしており，窒素と二つのカルボン酸の酸素を通して多価の金属イオンとキレート錯体を形成する．図 6.7 にイミノ二酢酸と金属類の保持選択性を示すが，アルカリ土類金属類と比較して遷移金属

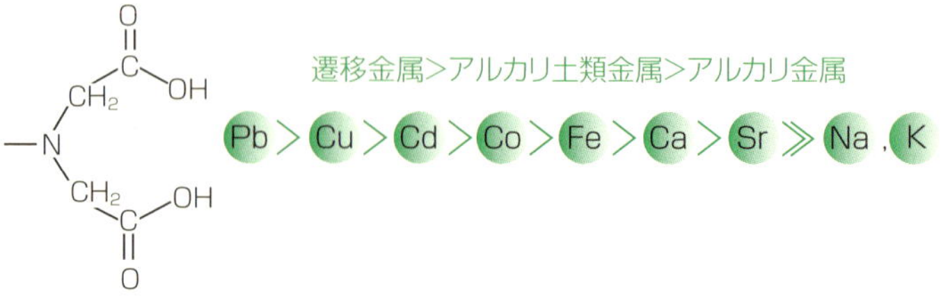

図 6.7 イミノ二酢酸基の構造と吸着特性

類との親和性が強く，また一価のアルカリ金属はほとんど保持しない．このため，アルカリ・アルカリ土類金属類を多量に含む環境試料（海水）や生体試料の前処理法として有効である．固相抽出では，目的成分の回収率が吸着時のpHに大きく依存するため，吸着時の試料溶液のpH調整が非常に重要である．一例として，エムポアキレートディスク（住友スリーエム）を用いた際の回収率のpH依存性を**図 6.8** に示す．図からわかるように，ほとんどの遷移金属類は，pH 3〜9の範囲でほぼ100％回収されるのに対し，一価のアルカリ金属はほとんど保持されないため，ほぼ完全に分離・除去できる．ただし，イミノ二酢酸にはアルカリ土類金属がある程度保持されるため，アルカリ土類金属を効率よく除去するためには，目的成分の吸着操作に続けて樹脂を0.5 mol/L程度の酢酸アンモニウムで洗浄する必要がある．ただし，過剰量の酢酸アンモニウムによる洗浄は目的元素の回収率低下の原因となるので，洗浄に使用する酢酸アンモニウムは必要最低限にする必要がある．このアルカリ土類金属の不十分な分離は，イミノ二酢酸キレートを使用する際のデメリットであるため，ポリアミノカルボン酸[16]やカルボキシメチル化ポリエチレンイミンへ[17,18]の官能基

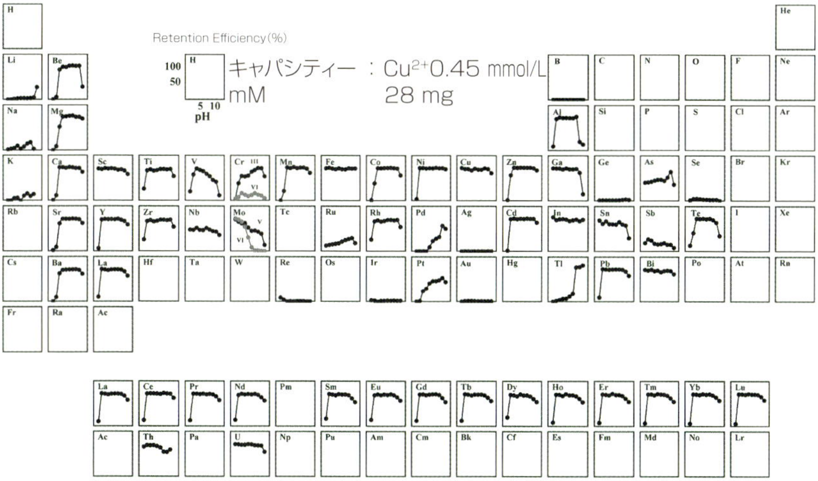

試料溶液：0.025mg/L, 200 mL

図 6.8 エムポアキレートディスクによる金属類の回収率の pH 依存性

の変更や陽イオン反発基の導入などによりキレート樹脂の選択性を向上させて，吸着時にアルカリ土類金属を排除する工夫がなされている．**表 6.4** に現在国内で市販されている主なキレート型固相抽出カラムをまとめた．なお，試料溶液中に金属類と錯形成能をもつ有機物が存在すると，pH 調整時に金属－有機錯体を形成して分析目的元素の回収率が低下することがある[10,19]．そのため，生体試料，植物試料，土壌抽出液試料などに適用する際には，試料溶液中の有機物を十分に事前分解する必要がある．

実際の固相抽出法の手順の一例として，環境庁告示第 59 号付表 10 に規定された，キレートディスクを用いる海水中亜鉛抽出法のフローを**図 6.9** に示す．まず，JIS K 0102 に規定された前処理法（硝酸分解）を用いて，海水試料中の亜鉛をすべてイオン状にする．次に，分析方法に応じて必要な量の試料を分取し，酢酸アンモニウム溶液として 0.1 mol/L になるように酢酸アンモニウムを添加した後，アンモニア水を用いて試料の pH を 5.6 に調整する．一方，キレートディスクは，2 mol/L 硝酸 20 mL で洗浄し，超純水 50 mL で 2 回すすいだ後，0.1 mol/L 酢酸アンモニウム溶液（pH 5.6）を 50 mL 通水してコンディショニングする．このキレートディスクに pH 調整済みの海水試料を流速 50～100 mL/min で通液し，分析目的成分である亜鉛をキレートディスクに保持

表 6.4　市販の主なキレート型固相カラム

メーカー	名　称	官能基	基　質
住友スリーエム	エムポアキレートディスク	イミノ二酢酸基	スチレン／ジビニルベンゼン共重合体
日立ハイテク	ノビアス CHELATE-PA 1	ポリアミノポリカルボン酸基	親水性メタクリレート
	ノビアス CHELATE-PB 1	ポリアミノポリカルボン酸基	ジビニルベンゼン／メタクリレート共重合体
GL サイエンス	InertSEP ME-1	イミノ二酢酸基	メタクリレート
	MetaSEP IC-ME	イミノ二酢酸基（陽イオン反発基）	メタクリレート
和光純薬	Presep Polychelate	カルボキシメチル化ポリエチレンイミン	メタクリレート

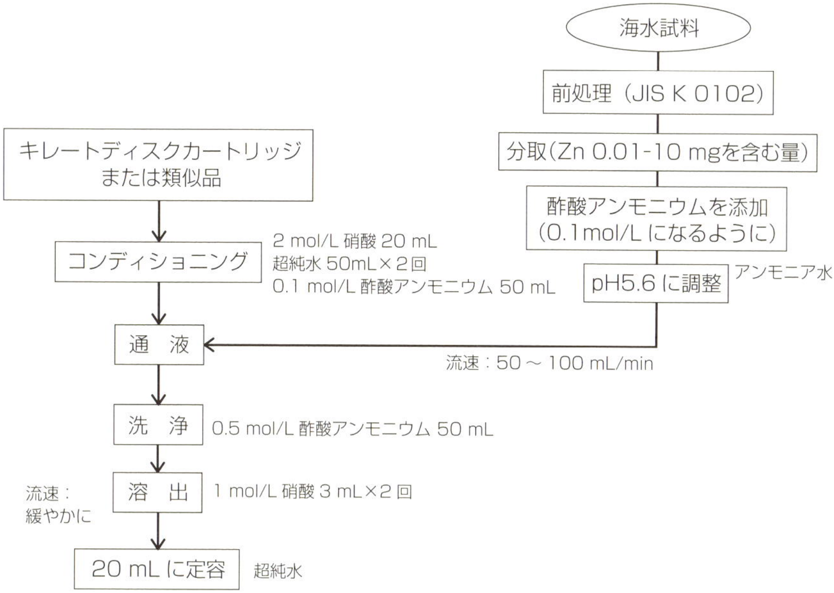

図 6.9 環境庁告示第 59 号付表 10 に規定された海水中亜鉛の抽出法

させる．その後，0.1 mol/L 酢酸アンモニウムを 50 mL を用いて，ディスクに残存したアルカリ土類金属をできるだけ除去する．最後に，1 mol/L 硝酸 3 mL を 2 回通液して亜鉛を完全に溶出し，20 mL 全量フラスコに回収して超純水で定容する．なお，亜鉛は環境中に普遍的に存在する元素であるため，しばしば空試験値の高さが問題となる．したがって，器具類の洗浄や雰囲気からの汚染防止を徹底するだけでなく，使用する超純水や試薬の不純物レベルにも十分留意する必要がある．特に，pH 調整などに使用する酢酸アンモニウムの純度が問題となることが多いので，市販の試薬（高純度でなくてもかまわない）を 1 mol/L 以下なるように調製し，キレートディスクなどを用いてあらかじめ精製して使用するのがよい．

6.2.3
共沈・沈殿分離法

沈殿分離法は，試料溶液から目的成分または妨害成分を沈殿として析出し，ろ過や浮選などにより母液から沈殿を分離する方法である[20,21]．沈殿分離法は，

① 目的成分を沈殿として分離する
② 目的成分が微量の場合，分析法に適した濃度まであらかじめ濃縮する（前濃縮）
③ 目的成分を試料マトリックスから分離する（前分離）

ための方法として古くから用いられており，ICP-AESやICP-MSでは，共同沈殿法（共沈法）が分離・濃縮法として用いられる[3,22]．共沈法は，単独では沈殿しない低濃度成分が，他成分の沈殿生成に伴い沈殿することを利用した分離・濃縮法である．沈殿生成する成分を共沈担体と呼び，無機元素を担体とする場合には，水酸化物，リン酸塩，硫化物，フッ化物などが用いられる．共沈の機構として，表面吸着，吸蔵，混合結晶形成の三つの機構で説明される．**表6.5**に，共沈捕集の例を示した[3]．

共沈法は，溶媒抽出法や固相抽出法と比較して操作が簡便であるというメリットがあるが，測定溶液中に共沈担体が新たなマトリックスとして残存する

表 6.5 共沈捕集の例[3]

共沈担体	捕集される主な元素
水酸化鉄(III)	Cr, Mn, Zn, As, Cd, Al, Ti, V, Co, Ni, Ge, Se, Zr, Mo, Ru, Rh, Sn, Te, W, Ir, Pt, Tl, Bi, Th, U
水酸化アルミニウム	Cr, Fe, Zn, Be, Ti, V, Co, Ni, Ga, Ge, Zr, Nb, Mo, Ru, Rh, Sn, La, Eu, Hf, W, Ir, Pt, Bi, U
水酸化マンガン(VI)	Cr, Fe, Al, Mo, In, Sn, Sb, Au, Tl, Bi, Th
テルル	Hg, Pb, Ag, Pt, Au
銅−8−キノリノレート	Mn, Fe, Cu, Zn, Cd, Hg, Mg, Al, Ca

というデメリットがある．このため，共沈担体に求められる条件として，少量で定量的な共沈が可能であることや，干渉源とならないことが重要となる．

ICP-AESの前処理法として共沈法を使用する場合には，スペクトル干渉があまり問題とならない共沈担体を選択することが特に重要となる．このため，Mg，Al，Ga，Laなど，スペクトル干渉の原因となる発光線があまり多くない元素が共沈担体としてよく用いられる．また，Feは多くの元素にスペクトル干渉を与えるものの，目的元素の捕集能が高く，かつMIBK抽出などにより比較的容易に選択分離除去できるために，ICP-AESのための優れた共沈担体として利用される．また，共沈法ではしばしば試薬の不純物に起因する空試験値の高さが問題となるが，現在では多くの場合高純度試薬の入手が可能であり，実用的な分析ではあまり問題とならない．必要に応じて使用する試薬を精製することも可能である．また，試料溶液中に存在する共存物質を共沈担体として利用することで担体添加による汚染を防止することも可能であり，ICP-AESの前処理法として河川水中のMg[23]や温泉水中のFe[24]を共沈担体として利用した応用例などがある．

図6.10に，水酸化鉄（$Fe(OH)_3$）を共沈担体として用いた場合に共沈する元素を示した[22]．水酸化鉄共沈法では，水酸化物を生成して沈殿する元素だけでなく，六価クロム，ヒ素，セレンなど，オキソ酸陰イオンとして溶液中に存在する元素の回収も可能であることが大きな特長である．これは，水酸化鉄沈殿の等電点pHが8.5であり，これより低いpHでは沈殿表面が正電荷を，高いpHでは負電荷を帯びることから，pH 4～8で水酸化鉄を生じさせると沈殿表面の電荷が正となりオキソ酸陰イオンが吸着沈殿するためである．なお，水酸化鉄共沈法は，JIS K 0102でCr(III)とCr(VI)の分別定量のための前処理法に採用されている．これは，Cr(III)（Cr^{3+}）がpH 6以上で定量的に回収されるのに対して，Cr(VI)（CrO_4^{2-}）が強アルカリ領域でほとんど共沈しない性質を利用したものである．

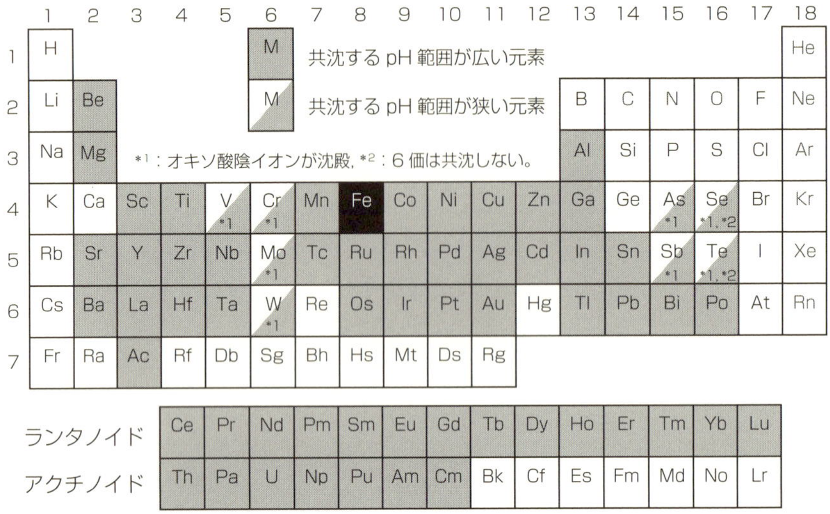

図 6.10 水酸化鉄(III) を担体として用いた場合に共沈する元素[22)]

参考文献

1）環境省 水・大気環境局 大気環境課：『有害大気汚染物質測定方法マニュアル』(2008).

2）日本分析化学会関東支部編：『ICP 発光分析・ICP 質量分析の基礎と実際』オーム社（2008).

3）日本分析化学会編：『現場で役立つ化学分析の基礎』オーム社（2006).

4）小熊幸一：ぶんせき，2（2007).

5）高田九二雄：ぶんせき，440（2007).

6）貴田晶子：ぶんせき，628（2007).

7）上蓑義則：ぶんせき，54（2008).

8）H. Tao, A. Miyazaki, K. Bansho：*Anal. Sci.*, **1**, 169（1985).

9）JIS K 0102：工場排水試験方法（2008).

10）古庄義明，小野壮登，山田政行，大橋和夫，北出 崇，栗山清治，太田誠一，井上嘉則，本水昌二：分析化学，**57**，969（2008).

11）高久雄一：ぶんせき，604（2003).

12）古庄義明，長谷川浩：ぶんせき，34（2011).

13）野口　修，赤坂睦子，大島光子，本水昌二：分析化学，**58**，127（2009）.
14）松永英之：分析化学，**50**，89（2000）.
15）大下浩司，本水昌二：分析化学，**57**，291（2008）.
16）坂元秀之，山本和子，白崎俊浩，井上嘉則：分析化学，**55**，133（2006）.
17）S. Kagaya, E. Maeda, Y. Inoue, W. Kamichatani, T. Kajiwara, H. Yanai, M. Saito, K. Tohda : *Talanta*, **79**, 146（2009）.
18）S. Kagaya, S.Nakada, Y. Inoue, W. Kamichatani, H. Yanai, M. Saito, T. Yamamoto, Y. Takamura, K. Tohda : *Anal. Sci.*, **26**, 515（2010）.
19）K. Inagaki, H. Haraguchi : *Analyst*, **125**, 191（2000）.
20）松本　健：ぶんせき，972（1997）.
21）平出正孝：ぶんせき，156（1998）.
22）稲垣和三，朱　彦北，三浦　勉，千葉光一：ぶんせき，330（2010）.
23）T. Yabutani, , H. Yamaoka, A. Fukuda, H. Nakamura, Y. Hayashi, J. Motonaka : *Bull. Soc. Sea Water Sci. Jpn.*, **63**, 247（2009）.
24）辻　治雄，粟野則男，玉利祐三，茶山健二，寺西　清，礒村公郎：分析化学，**44**，471（1995）.

Chapter 7 応用例

ICP 発光分光分析法は，材料開発，生産管理，品質保証などの産業利用分野から，環境保全や食の安全，生体試料分析などの分野に至るまで，今日もっとも広く用いられている元素分析法である．その一方で，ICP 発光分析法は溶液試料を主な対象とする分析法であることから，常に試料の前処理法（溶液化）と一体化して技術開発が進められてきた分析法である．本章では，多くの応用分野がある中でも，特に ICP 発光分析の強靭性が威力を発揮する分野を中心に応用例を紹介する．

7.1 鉄鋼材料

7.1.1 はじめに

現在，鉄鋼材料（鉄鋼）は家庭用の日用品から自動車，建材に至るまで，さまざまな用途に利用されており，人類にとって必要不可欠なものとなっている．これらのほぼすべての鉄鋼は，ある決まった規則に従って作られており，製造方法，組成，および硬さや引っ張り強さなどの性状が厳密に規格化されている．日本では日本工業規格（JIS）により，グローバルには国際標準規格（ISO）によりその規格の内容が定められている．前述の通り，鉄鋼の使用範囲は極めて多種多様であるため，鉄鋼に関連するJISやISOの規格数も他の材料と比較しても群を抜いて多く，JISの場合，製品規格数は200程度，品種に至っては2000種を超えるものが規格化されている[1)]．このように多くの規格が存在する鉄鋼であるが，その性能を最も大きく左右する因子が組成である．したがって，鉄鋼に含まれる成分としての元素（以下「成分」と示す）を定量分析することは，鉄鋼の研究開発，品質管理，および品質保証といった製造プロセスのあらゆる観点から必要不可欠であり，最近はこの分析に誘導結合プラズマ発光分光分析法（ICP-AES）が最もよく利用されている．

表7.1に鉄鋼に含まれる各成分とその規定濃度を示した．本表は日本鉄鋼連盟が発行している資料[2)]から引用したものである．鉄鋼に含まれる成分の量は厳密に規格化されているが，この規格の表し方は主に2通りある．一つ目は，規定した濃度までその成分が入ることが許されるといった意味の量である「上限規定値（%）」として示す場合であり，例としては「＜0.035（%）」という形で示される．これは，たとえば，リンやイオウなどは原料から，あるいは鉄鋼の製造の工程で混入する不純物などから入ってしまい，これが粒界に偏在化

表 7.1 鉄鋼規格における各成分の規定濃度[1,2)]

成分	上限規定最小値（%）	下限規定最小値（%）	規定最大値（%）
P	0.015	0.07	0.6
S	0.008	0.08	0.4
C	0.008	0.04	3.7
Mn	0.25	0.1	12
Si	0.03	0.1	6
Cr	0.07	0.2	52
Ni	0.2	0.05	72（以上）
Cu	0.1	0.2	7.5
Mo	0.08	0.1	10
N	0.006	0.05	0.5
Ti	0.03	0.1	2.75
Nb	0.02	0.1	1.8
V	0.03	0.05	5.2
Al		0.015	4
W	0.1	0.5	19
B	0.0002	0.0005	0.01
Fe	1.5	5	残部
Co	–	4	52
Ta	–	0.7（Nb との合計）	5.5（Nb との合計）
Pb	–	0.05	0.35
Se	–	0.15	
La	–	–	0.015（合計）
Ce	–	–	
Ca	–	–	0.015
Mg	–	–	0.07

することにより粒界破壊の原因となってしまうことがある．このため製造過程の中に，これらの成分を除去する工程を入れて，できるだけこれらを低濃度にする努力を行うが，すべてを完全に除去することは難しい．このような場合，性能劣化が無視しうる閾値を「上限規定値（%）」として定め，この値以上に不純物が入らないようにすることを規格化したもので，本表の「上限規定最小量（%）」とは，「上限規定値（%）」の中の最も低い規格値である．規格の示し方の二つ目は，その成分の量の範囲を「下限規定値（%）」から「規定値（%）」までといった形で示す場合であり，例としては「16.00～18.00（%）」という形で示される．これは鉄鋼の性能を上げるための成分を加えて行ったとき，期待する性能を発現させるための最小量が前者であり，最大量が後者である．たとえば鉄鋼を電磁鋼に利用するとき，ケイ素を添加することにより鉄損（エネルギーが熱となって失われること）が低下するが，添加し過ぎると強度が低下してしまうために，「下限規定値（%）」と「規定値（%）」を設け，最も高性能が得られる量の範囲を規格化している．表7.1の「下限規定最小値（%）」とは「下限規定値（%）」の中の最も低い規格値，「規定最大値（%）」は「規定値（%）」の中の最も高い規格値である．

以上のような理由より，鉄鋼に含まれる成分の量を定量分析し，規格に適合しているか否かを調べることは，鉄鋼の性能を最大限に発揮させるといった観点から極めて重要であり，このような分析は古くから行なわれていた．そしてこれらの分析方法自体もJISにより規格化されている．ICP-AESが広く認知される前は，低濃度の場合は吸光光度法や電気分析法，高濃度の場合は容量法や重量法が利用されていたが，1989年に初めてJIS G 1258「鉄及び鋼－誘導結合プラズマ発光分光分析方法」が規格化されると，低濃度から高濃度まで，鉄鋼分析のほとんどがICP-AESで行われるようになった．今ではJIS G 1258は測定をする成分別に第0部～第7部まで分けられて規格化されている（第0部は一般事項）．**表7.2**にJIS G 1258の概要を示す．このようにICP-AESが鉄鋼分析に広く使われるようになったのは，前処理が簡便であり，主成分である鉄を共存させたまま装置に導入して測定を行うことができるためである．吸光光度法，電気分析法，容量法，および重量法は溶媒抽出や沈殿分離といった分離操作，酸化還元処理，pH調整，呈色反応などの煩雑な前処理が必要であ

表 7.2 JIS G 1258 の概要

	測定の対象となる成分	試料はかり取り量(g)	試料の分解に使用する試薬と量	不溶解物の処理に使用する試薬
第 1 部 酸分解・二硫酸カリウム融解法	Si Mn P Ni Cr Mo Cu V Co Ti Al	0.5	混酸（塩酸 1，硝酸 1，水 2）-25 mL	二硫酸カリウム，または硫酸水素カリウム-1 g*2
第 2 部 硫酸リン酸分解法	Mn Ni Cr Mo Cu W V Co Ti Nb	0.5	王水-10 mL 混酸(硫酸 1，リン酸 3，水 2）-15 mL 過酸化水素水（1+1）-10 mL	(記載なし)
第 2 部 硫酸リン酸分解法（主に工具鋼）	Mn Ni Cr Mo Cu W V Co Ti Nb	0.5	混酸（硫酸 1，リン酸 3，水 2）-15 mL 過酸化水素水（1+1）-10 mL	(記載なし)
第 2 部 硫酸リン酸分解法（主に軸受鋼）	Mn Ni Cr Mo Cu W V Co Ti Nb	0.5	塩酸-10 mL 混酸（硫酸 1，リン酸 3，水 2）-15 mL 過酸化水素水（1+1）-10 mL	(記載なし)
第 3 部 酸分解・炭酸ナトリウム融解法	Si Mn P Ni Cr Mo Cu V Co Ti Al	0.5	混酸（塩酸 1，硝酸 1，水 2）-25 mL	炭酸ナトリウム-1 g*2
第 4 部 硫酸リン酸分解法	Nb	0.5	王水-15 mL 混酸(硫酸 2，リン酸 2，水 6）-20 mL 20 %L（+）酒石酸-10 mL 塩酸-10 mL	(記載なし)
第 4 部 酸分解・二硫酸カリウム融解法	Nb	0.5	混酸（塩酸 1，硝酸 1，水 2)-25 mL 20% L（+）酒石酸-10 mL 過酸化水素水-2 mL 以上	硫酸（1+1），フッ化水素酸，二硫酸カリウム-1 g*3
第 5 部 硫酸リン酸分解法	B	0.25，または 0.5	塩酸-10 mL 硝酸-5 mL リン酸-10 mL 硫酸-5 mL	(記載なし)
第 6 部 酸分解・炭酸ナトリウム融解法	B	0.5	混酸（塩酸 1，硝酸 1，水 2）-25 mL	炭酸ナトリウム-1 g*2
第 7 部 ホウ酸トリメチル蒸留分離法*1	B	0.5	塩酸-10 mL 硝酸-5 mL リン酸-10 mL 硫酸-5 mL	(記載なし)

＊1 分解した溶液にメタノールを加え，ホウ素をホウ酸トリメチルとして蒸留し，水酸化ナトリウム溶液に吸収することにより分離する．

＊2 融成物は塩酸（1+1）-5 mL で分解

＊3 融成物は 3.5% シュウ酸-15 mL で分解

る．このため，個人の熟練度により定量分析結果が左右されることが多いが，ICP-AES ではこのようなことがほとんどない．一方，ICP-AES よりもさらに低濃度を測定することができる誘導結合プラズマ質量分析法（ICP-MS）は，主成分の鉄が共存したままで測定を行うことができない場合が多い．したがって，これからも鉄鋼分析に関しては ICP-AES を中心とした分析方法の開発が行われていくことは間違いないであろう．本項では，鉄鋼を ICP-AES で定量分析するときの，特に測定の前処理に関して詳細に解説する．

7.1.2 鉄鋼分析の流れ

ICP-AES で分析を行うときの工程は以下の通りである．この工程は鉄鋼だけではなく，多くの材料に共通するものである．

① サンプリング：分析に適した形に試料を加工すること
② 洗浄：加工した試料を洗浄すること
③ 秤量：分析に供する試料の重さを測定すること
④ 分解：試料を酸やアルカリなどにより分解すること
⑤ 測定：分解が完了した試料溶液を ICP-AES に導入し，定量操作を行うこと

場合によっては④の分解の後に，定量を目的とする成分，あるいは主成分である鉄の分離を行う操作が入ることがある．また⑤の測定の際に，標準液の作成の工程が入る．これらの工程の中で最も重要なものが④の分解操作である．これらの操作の一般的な内容は Chapter 6 で詳細に解説されているので，本稿では鉄鋼試料に限って解説を行うこととする．

7.1.3 サンプリング，および洗浄

ICP-AES で精確な定量値を得るための最も重要なポイントは④の分解であることを述べたが，これを完全に行うために，測定を行う試料をなるべく分解

しやすい形状にしておくことが必要である．試料の表面積が大きいほど分解に使用する試薬に触れる面積が大きくなり，処理時間も格段に短くなる．試料が大きい場合，まずスピードソーやファインカッターなどである程度小さくした後，ニッパーなどで3 mm角程度にするか，ドリルで試料に穴を空け，その切り子を分析試料とする場合もある．特に後者は薄く，細かい試料を作ることができるために推奨されるが，炭素やケイ素の量が多い鋳鉄の場合，これらの成分が脱落してしまう場合があり，このため均質なサンプリングができないことがある．従って鋳鉄はドリルによるサンプリングを行わないほうがよいが，最近では，ドリルでサンプリングをした試料を残らず集めて，ミルにより粉末化し，均質性を保つ方法も行われている．

サンプリングした試料はエタノール，アセトン，エーテルなどの溶剤で洗浄を行うが，特に鋳鉄などでは油が試料中に入りこみ，このような洗浄だけでは不十分な場合がある．このような場合はソックスレー抽出操作により洗浄を行う．サンプリングに使用した工具成分の汚染が心配される成分を分析するときは，サンプリングをした後に試料を薄い酸（塩酸あるいは硝酸）で表面洗浄する．ただし，このような酸で表面洗浄された鉄鋼は表面酸化が急速に進むため，迅速に秤量－分解操作を行うか，上記の溶剤に漬けておく．

なお，鉄鋼のサンプリング方法として発行されている JIS H 0417「鉄及び鋼－化学成分定量用試料の採取及び調整」にはこれらが詳細に説明されているので，参考にされたい．

7.1.4
秤量

洗浄後の試料は主に電子天秤を使用して秤量を行う．分取する重さは定量を目的とする元素によって変えるが，JIS G 1258では検出下限や均質性との兼ね合いからほとんどの場合0.5 gで規格化されている．これらよりも少量（たとえば0.1 g）でも均質性はほとんど問題ない．少量のほうが，試料が分解しやすい，マトリックスとして共存する鉄の濃度が減るため測定への影響を軽くできる，希釈操作がいらないなどのメリットもある．電子天秤を使った秤量で最も注意すべき点は次の二つである．一つは設置場所による重力加速度の変化である．電子天秤は重量を測定している．重量とは，質量×重力加速度であるが，重力加速度は場所によって異なる（質量は物質が固有する物理量であり，重力には無関係なものである）．したがって，天秤を使用する前には標準分銅を用いて校正を必ず行う．二つ目は温度の変化である．最近の電子天秤は温度補正機能を有しているものが多く，天秤自身で温度変化を察知し，自動で校正を行うものが多いので，このようなものを使用するとよい．

7.1.5 分解

鉄鋼を分解する場合，最初に塩酸と硝酸を混ぜた混酸で加熱分解を行う．これは主成分である鉄がこの混酸に容易に分解するためである．表7.2にはJIS G 1258で規格化された試料の分解に使用する試薬とその量を示した．ほとんどの場合，混酸の混合割合は塩酸：硝酸を3：1にした王水か，塩酸：硝酸を1：1にしたものが使われる．さらに水を酸と等量以上加えることが多い．水を加えると鉄鋼試料表面の酸化の進行が鈍るため，分解が早く進むことがあるためである．鉄鋼に含まれる多くの成分はこの混酸で完全に分解することができる．なお，工具鋼や軸受鋼などは多量のタングステンを含むことより，王水では分解することができないので，このような場合には硫酸やリン酸といったより高沸点を持つ酸を用いたり，フッ化水素酸や過酸化水素水などの他の試薬を用いる．また，不溶解となったものをろ過により取り出して，融解剤を用いて融解を行うことも多い．**図7.1**にJIS G 1258第1部，および第3部の分解方法のフローチャートを示す．第1部は二硫酸塩により融解を行う方法，第2部はアルカリ塩により融解を行う方法である．また，**図7.2**にJIS G 1258第2部で規格化されている三つの分解方法のフローチャートを示す．第2部は工具鋼や軸受鋼などのタングステンを多く含むもの，あるいはニオブといった分解しづらい成分を含む鋼種に適用される．なお，酸分解や融解の一般事項に関してはChapter 6を参考にされたい．次に分解に特に注意を要する成分に関して述べる．

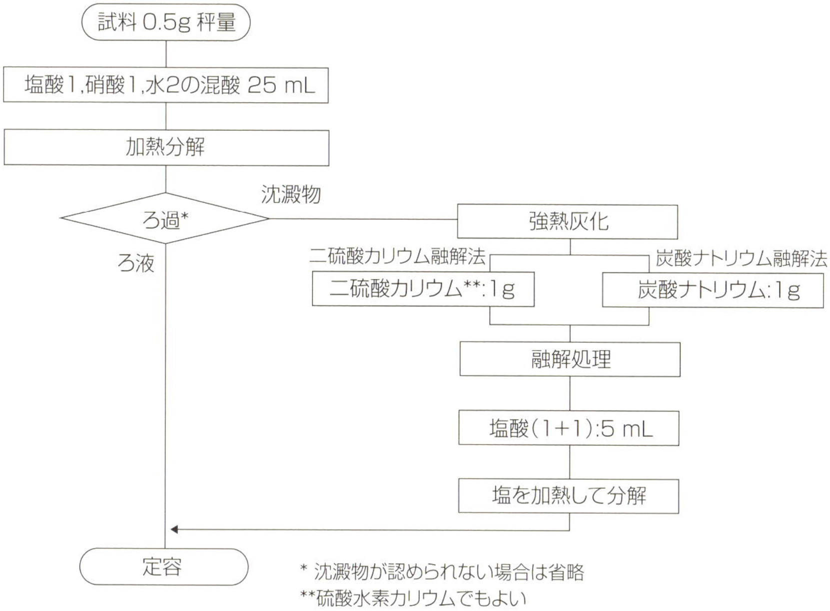

図 7.1 酸分解・二硫酸カリウム融解法，酸分解・炭酸ナトリウム融解法

(1) ケイ素

ケイ素は炭素鋼や低合金鋼の場合は，塩酸と硝酸の混酸でほぼ完全に分解ができるが，ステンレス鋼や鋳鉄をはじめ，ケイ素の濃度が高い鉄鋼では一部が不溶解となる．ケイ素を完全に分解する方法は二つあり，一つはフッ化水素酸を用いる方法，もう一つが炭酸アルカリ塩や水酸化アルカリ塩で強熱融解する方法である．前者はケイ素がフッ化水素酸と反応し，ヘキサフルオロケイ酸化合物となることにより完全に分解するが，これを強熱したり，通気をしたりすると四フッ化ケイ素（SiF_4）の形で揮発をしてしまうといった欠点がある．後者はこのような揮発による損失なくケイ素を完全に分解することができるため，JIS G 1258 第 3 部でも採用されている．この方法は，鉄鋼試料を塩酸と硝酸の混酸で分解し，ケイ素を含む不溶解残さをろ過して白金るつぼに移し，ろ紙を灰化後，炭酸ナトリウムを加えて強熱して融解し，融成物を塩酸で分解してろ過をした主液に混ぜるというものである．

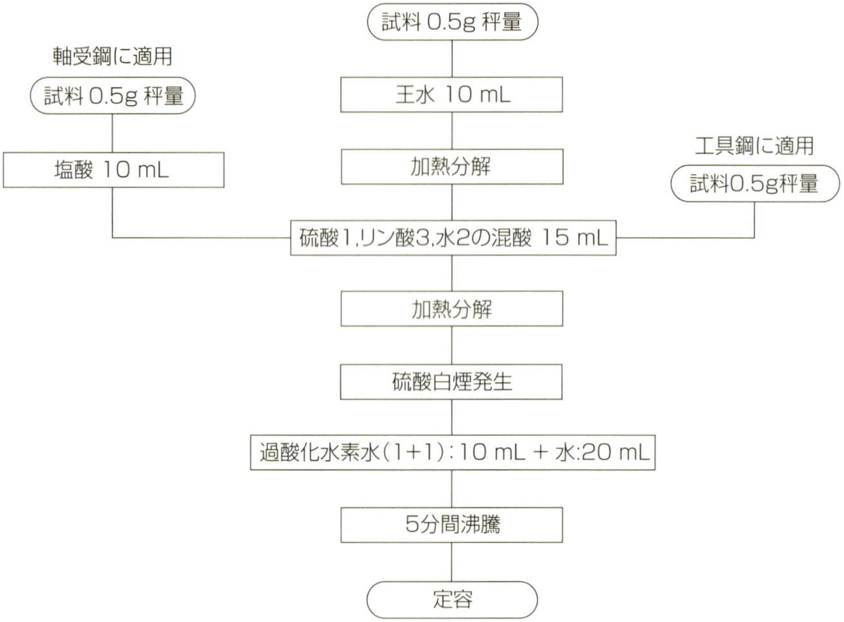

図 7.2　**硫酸リン酸分解法**

最近では，耐フッ化水素酸仕様のトーチやネブライザーを用いてフッ化水素酸を直接ICP-AESに導入することができるようになっているが，以前はケイ素が装置から混入（コンタミネーション）してしまい，測定ができなかった．また，過剰のホウ酸を加えてフッ素をテトラフルオロホウ酸（HBF_4）にすることにより，フッ化水素酸の持つ性質を低減させてから耐フッ化水素酸用のICP-AESに導入する方法も行われていたが，この方法を用いてもケイ素のコンタミネーションが避けられない場合があった．しかしながら，装置の改良が重ねられ，最近は，このようなコンタミネーションが起こらないものが市販されている．このため，四フッ化ケイ素の揮発に注意をして，四フッ化エチレン製容器やポリ製の容器中で低温分解を行うことにより，ホウ酸を用いなくても，本システムを用いて迅速にケイ素を定量分析することができる．この場合，四フッ化ケイ素の沸点は90℃程度であるため，ウォーターバスなどを利用して70～80℃程度で分解する必要がある．

四フッ化ケイ素が揮発してしまうことを逆に利用し，ケイ素を分離濃縮することにより，極微量のケイ素を測定することができる．試料を塩酸と硝酸の混酸で分解した後，フッ化水素酸を加えて加熱や通気をして四フッ化ケイ素を揮発させ，このガスをホウ酸溶液で吸収することにより，ケイ素を分離することができる．加熱をする方法の場合，水蒸気が凝縮してこれに四フッ化ケイ素が吸収されてしまう場合があるため，凝縮水を完全に回収する必要がある．

(2) クロムおよびニッケル

クロム，およびニッケルは硝酸などの酸化力が強い酸に触れると，表面に不動体皮膜を作り難溶解性となってしまうため，分解には水で薄めた硝酸（希硝酸）を用いるか，塩酸との混酸で分解する必要がある．さらに，クロムは窒化物や炭化物，ニッケルは酸化物を含む場合があり，これらは難溶解性のため溶け残ってしまうことも少なくない．このような場合は，不溶解残さをろ過して適当な容器（JIS では白金るつぼを用いているが，磁製，石英製，ガラス製でもよい）に移し，二硫酸塩（JIS では硫酸水素カリウム，または二硫酸カリウムを用いている）を加えて強熱して融解した後，融成物を塩酸で分解してろ過した主液に混ぜると完全に分解ができる．JIS G 1258 第 1 部でも不溶解残さが認められたときの対処法としてこの方法が採用されている．またクロムは過塩素酸を使って，過塩素酸の濃厚な白煙が発生する温度で加熱を続けると，クロムが酸化されて行き，六価クロム酸塩となる．これが塩素イオンに触れると塩化クロミル（CrO_2Cl_2）となって揮発してしまうため注意が必要である．この揮発はリン酸を加えることにより抑えることができるが，クロムを分析する際は過塩素酸の白煙処理はできるだけ避けたほうがよい．

ステンレス鋼中にはクロム，およびニッケルが多量に含まれており，たとえば SUS 304 のクロムであれば，その規格範囲は 18～20% であり，中央値が 19 %であるのに対し，規格範囲の幅の大きさは 2% である．一方，同じクロムでも SCR 材のクロムの規格範囲は 0.9～1.2% であり，中央値が 0.105% であるのに対し，規格範囲の幅の大きさは 0.3% である．このようにステンレス鋼中のクロムとニッケルの規格範囲の幅の大きさは他と比較して，中央値に対する割合がとても小さい．さらに，クロムやニッケルは鉄と比較すると重量あたりの単価が高額であるため，規格の下限値を狙って作られる場合が多い．このため，検量線法を用いるICP-AESの不確かさでは，要求される精度を満足するような測定ができない場合がある．このため，測定時には必ず標準物質の測定を同時併行して行うことにより，得られたデータを確認することとともに，もし規格範囲を満足しないといった結果が得られた場合でも，ICP-AES以外の方法で確認することが望ましい．この場合，検量線法を用いない方法である容量法（クロムであれば酸化して鉄(II) による酸化還元滴定：JIS G 1215，ニッケルであればジメチルグリオキシム分離-EDTA 滴定：JIS G 1216)，あるいは重量法（ニッケルであればジメチルグリオキシム重量法：JIS G 1216）で測定を行う．

(3) ニオブ，タンタル，タングステン

ニオブは特に耐食性の向上を目的に高濃度でステンレス鋼に入れるケースが多く，タンタルはニオブと性質が極めてよく類似しているため，ニオブとの分離を完全に行うことができないことから一緒に含まれる場合が多い．また，タングステンは鉄と共存させることにより極めて硬い性質を得ることができるため，ドリルなどの工具鋼に高濃度で入れられる．これらの3元素は塩酸，硝酸，硫酸などで分解をしても，濃度によっては完全に分解することができなかったり，分解後にすぐに加水分解をして沈殿をしてしまうことが多い．フッ化水素酸を共存させておくと，これらの成分はフッ素により錯体化し，沈殿をすることなく安定に溶液化させておくことができる．フッ化水素酸以外にもシュウ酸，クエン酸，酒石酸などの多価有機酸や過酸化水素水，リン酸でも安定に溶液化して留めておくことができる．このような性質を利用して，試料を塩酸や王水で分解後，硫酸とリン酸との混酸を加え，硫酸の白煙が発生するまで加熱をして，放冷後に過酸化水素水を加える分解方法がJIS G 1258の第2部で規格化されている．表7.2に示す通り，鋼種別に最初に加える酸を変える．また，これらの成分の濃度が高い場合は，最初の分解時にフッ化水素酸を加えることにより分解が迅速に進む．また，JIS G 1258の第2部では最後に過酸化水素水を加え，これらの成分を安定に溶液化させるが，過酸化水素水ではなく，酒石酸やシュウ酸などの多価有機酸を用いてもよい．JIS G 1258の第4

部では，対象はニオブのみではあるが，フッ化水素酸と多価有機酸とを組み合わせた方法が規格化されている．耐フッ化水素酸仕様のICP-AESが用意できる場合には，試料を四フッ化エチレン製の容器中で，フッ化水素酸と硝酸（あるいは王水）で分解後，ポリ製のメスフラスコに定容し，このまま耐フッ化水素酸仕様のICP-AESで測定することにより，迅速に分解，および測定を行うことができる．

(4) ホウ素

ホウ素はその含有量が微量でも鉄鋼を脆くしてしまう原因となる．また，溶接やメッキ時の割れ感受性に多大な影響を与える成分である．このため，鉄鋼では極微量のホウ素の定量分析を行う必要がある．JIS G 1227「ほう酸メチル蒸留分離クルクミン吸光光度法 (2)」では0.5 μg/gの検出下限が得られる．ホウ素の酸化物は水にも易溶なものが多いが，窒化物，あるいは炭化物はほとんど王水などの塩酸と硝酸の混酸には分解しない．鉄鋼中のホウ素は主にこれらの状態で含まれる場合が多い．このため，試料を王水で分解後，硫酸とリン酸を混合したものをさらに加え，硫酸の沸点付近まで加熱を行う．このとき，液温が300℃以上になるとホウ素の一部が揮発する可能性があるため，ブランク試料に温度計を入れて液温をモニターする．また，窒化物や炭化物はアルカリ塩でも融解することができるため，王水で分解をした後，不溶解残さをろ過して炭酸ナトリウムで融解し，主液に混ぜる方法を利用することもできる．このとき，ろ紙の灰化温度は550℃以下とし，ホウ素の揮発を防止する．前者の分解方法はJIS G 1258第5部「硫酸りん酸分解法」として規格化されており，検出範囲が10～2000 μg/gのホウ素に適用され，後者の分解方法はJIS G 1258第6部「酸分解・炭酸ナトリウム融解法」として規格化されており，検出範囲が10～100 μg/gのホウ素に適用されている．さらに，JIS G 1258第7部「ほう酸トリメチル蒸留分離法」では，硫酸リン酸分解法により分解した後，メタノールを加えて加熱し，ホウ素をホウ酸メチルとして水酸化ナトリウム溶液に蒸留分離してICP-AESで測定する方法が規格化されている．この方法は極微量のホウ素を定量分析するときに適用され，その検出範囲は1～100 μg/gである．

ホウ素を分解するときの最も注意すべき点の一つとして，ガラスからのコンタミネーションがあげられる．分析操作には，ホウケイ酸ガラス（パイレックス）を使ったガラス器具が通常利用される．また，試薬が入っている試薬ビンもホウケイ酸ガラス製の容器に入っている場合が多い．このような場合，ガラスからホウ素が溶出してしまい，分析値が実際の値よりも高くなってしまうことがある．したがって，ホウ素を分析するときは石英製，四フッ化エチレン製，ポリ製の容器を使い，ホウケイ酸ガラス容器の使用は避けなければならない．また，もう一つ注意すべき点として，分析操作時におけるホウ素の揮発があげられる．特にフッ化水素酸により加熱分解を行うと顕著に揮発するが，他の酸でも蒸発濃縮時に揮発することがある．これを防ぐためには硫酸とリン酸を加えておく，あるいは酒石酸などで錯体化させておく必要がある．

(5) イオウ

イオウは鉄鋼の介在物として含まれるため，その量が多くなるほど鉄が脆くなってしまう．その反面，イオウを鉄鋼に多く入れると，切削時の抵抗が低くなり，削りやすい鉄鋼を作ることができるため，その濃度範囲を規格化したイオウ快削鋼が製品化されている．これらの観点から鉄鋼中のイオウの分析はよく行われるが，この場合，高周波炉で鉄鋼を加熱融解し，イオウを酸化イオウガスとして取り出して赤外線をあてて，その吸収量で測定を行う方法（JIS G 1215「高周波誘導加熱燃焼–赤外線吸収法」）が一般的であり，ICP-AESを用いて測定を行うことはほとんどないといってよい．これは赤外線吸収法が簡便であるうえ，炭素を同時に定量分析することができ，さらに極微量の測定にも適用が可能であるためである．ICP-AESでイオウを測定することも可能ではあるが，塩酸や硝酸で加熱分解を行うと，イオウの一部が揮発してしまうことがあるため，強力な酸化剤である塩素酸カリウムを加え，イオウを硫酸イオンとすることにより揮発を防止する．この塩素酸カリウムは最初から試料とともに加え，酸化雰囲気を保つために硝酸のみを加えて分解を行う．分解が不十分であった場合はこの後に塩酸を加えてもよい．過度の加熱は硫酸の揮発によるイオウの損失を招くため，なるべく低温で分解を行う．

イオウをICP-AESで測定する際，前の利用者が硫酸溶液を装置に導入をしていると，硫酸が装置内部のチャンバーやネブライザーに残存してしまい，このためメモリー効果（イオウが含まれていないものを測定してもイオウが検出される現象）が現れて，測定ができなくなってしまう場合がある．このような場合は，装置の各部品を取り出してよく洗浄を行なった後，メモリー効果が消えたことを確認後，測定を行う．

(6) その他（分解時に注意しなければならない成分）

塩酸のみを加えて強熱した場合，リン，セレン，ヒ素は塩酸が還元雰囲気を作ることより水素化物として揮散してしまう場合がある．また，モリブデン，バナジウム，セリウムなどの塩化物の沸点は低いため，濃塩酸強熱下で揮発する恐れがある．

アルミニウムはその酸化物が，塩酸と硝酸の混酸では容易に分解しない場合があるため，混酸分解後の残さを二硫酸塩，またはアルカリ塩により融解を行う必要がある（鉄鋼ではあまり見られないが，結晶化が進んだ酸化アルミニウムはアルカリ塩による融解のみでしか分解することができない）．

スズ，およびアンチモンは濃硝酸により酸には不溶の酸化物を生成する．これらはアルカリ塩による融解のみしか分解できないため注意を要する．スズ，およびアンチモンは前述したニオブやタングステンと同様に，酒石酸などの多価の有機酸と錯形成をしやすいため，分解する際に混ぜておくと酸化物の生成を防ぐことができる．

鉛は硫酸イオンと接すると難溶解性塩である硫酸鉛を生成してしまうので，硫酸による分解は極力避けなければならない（硫酸鉛の溶解度積以下の場合は沈殿しないこともあるが，硫酸鉛は他の沈殿物と共沈しやすい）．硫酸鉛はアルカリ塩による融解，あるいは酢酸アンモニウムにより溶解することができる[3]．

チタンはニオブやタンタルと同様に加水分解しやすいが，硫酸中では安定である．このため硫酸による加熱分解や二硫酸塩による融解を併用する．分解後に過酸化水素水を混ぜておくと，酸の濃度が低い場合でも安定に溶液化させておくことができる．

ジルコニウムは低濃度であれば塩酸と硝酸の混酸でも分解できるが，高濃度の場合はフッ化水素酸と硫酸を用いるか，二硫酸塩による融解を併用する．

7.1.6 鋳鉄の分解

鋳鉄は多量の炭素とケイ素を含むため，最初に塩酸と硝酸の混酸で分解をしたときに大量の沈殿物が発生する．サンプリング時の試料片が大きいと，塊のまま残存してしまうことがある．なお，ケイ素はこの段階では沈殿しているものと，溶液中に溶けているものとが含まれるため，過塩素酸や硫酸を用いてこれらの沸点まで強熱し，脱水をしてケイ素をすべて沈殿させる．沈殿物はろ紙でろ別をして，白金るつぼ中で強熱することにより炭素は燃焼してなくなり，ケイ素は二酸化ケイ素として残存する．7.1.5 項(1) で述べたが，これにフッ化水素酸を加えて加熱乾固することによりケイ素はすべて揮発する．このようにして，炭素とケイ素の沈殿の処理を行う．この白金るつぼに残存する残さを二硫酸塩，またはアルカリ塩により融解して先のろ過した主液に混ぜることにより完全に鋳鉄を分解することができる．ケイ素の沈殿処理前後の白金るつぼの重量を測定しておくと，ケイ素の定量分析も同時に正確に行うことができる（JIS G 1212「二酸化けい素重量法」）．

7.1.7 測定

以上のように鉄鋼を分解して溶液化した後，ICP-AES にその溶液を導入して測定を行う．測定の際は，標準となる検量線を，主成分である鉄，分解に使用した酸や融解剤の量を試料に合わせて作成する．硫酸やリン酸のような比重が高く，粘性が高い試薬を分解に使用した場合，これらがネブライザーの噴霧効率を悪くさせるために感度が落ちる．特に，硫酸の加熱処理を行うと，試料と検量線作成用溶液に含まれる硫酸の量が異なる場合があるため，そのまま測定を行うと誤った結果を与える．このため，適切な内標準元素を加えて，内標準測定を行うことが推奨される．鉄鋼の場合，JIS ではイットリウムが用いられている．このほか，測定時の干渉などの注意すべき点は前章を参照されたい．なお，JIS G 1258 をはじめとする規格で示された各元素の定量範囲の下限値を**表 7.3** に示す．ただし，最近の高性能な装置を利用することにより，本定量下限値を大幅に下回る測定が可能となっている．

表 7.3 鉄鋼に含まれる主な成分の定量下限値

成分	定量下限（%）	分解方法
P	0.003	酸分解・二硫酸カリウム融解法
Mn	0.01	酸分解・二硫酸カリウム融解法
	0.002	ISO 10278 で示された硝酸，塩酸分解法
Si	0.01	酸分解・二硫酸カリウム融解法
	0.1	酸分解・炭酸ナトリウム融解法
Cr	0.01	酸分解・二硫酸カリウム融解法
Ni	0.01	酸分解・二硫酸カリウム融解法
	0.001	ISO 10278 で示された硝酸，塩酸分解法
Cu	0.01	酸分解・二硫酸カリウム融解法
	0.001	ISO 10278 で示された硝酸，塩酸分解法
Mo	0.01	酸分解・二硫酸カリウム融解法
Ti	0.001	酸分解・二硫酸カリウム融解法
Nb	0.001	硫酸リン酸分解法
V	0.002	酸分解・二硫酸カリウム融解法
Al	0.004	酸分解・二硫酸カリウム融解法
W	0.1	硫酸リン酸分解法
B	0.001	硫酸リン酸分解法
	0.0001	ホウ酸トリメチル蒸留分離法
Co	0.003	酸分解・二硫酸カリウム融解法
	0.001	ISO 10278 で示された硝酸，塩酸分解法

7.2 非鉄材料

7.2.1 はじめに

非鉄材料とは7.1節で述べた鉄鋼材料以外の金属材料をさすものであり，この材料に属する金属の種類は極めて多い．ただし，鉄鋼材料と比較して，総生産量が極端に少なく，各金属の合金の種類も鉄鋼と比較して少ない．しかしながら，各非鉄の持つ性質が鉄鋼材料では得られ難いものが多く，特に軽量性，耐腐食性，加工性，電気や熱の伝導性などが重要視される場面で多く用いられている．**表7.4**にJISにより規格化されている非鉄の主成分，およびこれらの各非鉄金属に含まれる成分としての元素（以下「成分」と示す）を示す．これらの成分のうち，ICP-AESを利用して分析をすることが規格化されている成分を太字で示した．太字で示していない成分でも，多くのものがICP-AESにより定量分析が可能である．

7.2.2 非鉄分析の流れ

非鉄分析の流れは7.1.2項で示した鉄鋼分析の流れとまったく同様である．サンプリングに関しては，非鉄の多くが鉄鋼よりも軟らかい（加工しやすい）ため，チップリング，ドリル（切子の分取，あるいはコアドリルを使用することもある）による切り出しや，一部の非鉄では粉砕を行うこともできる．ただし，タングステンに関しては，特に炭化物（タングステンカーバイト）になると極めて硬くなるため，焼結材やインゴットなどの塊を分析する場合は，タングステンカーバイトよりも硬いダイヤモンドカッターを使用してチップリングを行う必要がある．また，アルミニウムの場合，ケイ素の含有量が高い鋳物や

表 7.4 JIS で規格化されている非鉄と含まれる成分

非鉄の種類	非鉄に含まれる成分	ICP-AES が記載された規格
銅	Cu **Sn Pb Fe Mn Ni Al** P As **Co Si Zn Be** Te Se Hg O **Bi Cd** S Cr Sb Ti	個別規格
ニッケル	Cu Fe Mn C Si S P Cr Mo V **W** Co Al B Ti	個別規格
アルミニウム	**Si Fe Cu Mn Zn Mg Cr Ti Ni Sn V Zr Bi B Pb Be** Ga **Cd** Hg	JIS H 1307
マグネシウム	Al Zn Mn Si Cu Ni Fe **Be** Zr Ca **Sn Pb Cd** RE	個別規格
チタン	N **Mn Fe** Cl **Mg** C Si H O **Pd Al** Na V **La Ce Pr Nd** S	個別規格
亜鉛	**Al Mg Cu Pb Cd Fe Sn**	JIS H 1551
ジルコニウム	Mn N **Fe Ni Cr** Cu Co **Sn** Si **Al** Ti C H O **Hf** Nb B Cd U Pb **W**	個別規格
タンタル	**Al Ca Cr Cu Fe Mg Mn Mo Nb Ni Ti W Si**	JIS H 1699
タングステン	**Fe Mo Ca Si Al Mg** O C S K	JIS H 1402,1403
モリブデン	**Fe Ca Si Al Mg**	JIS H 1404
ホワイトメタル（軸受合金）	Sn Sb Cu Pb Zn Fe Al As Bi	
はんだ（低融点合金）	Sn **Pb Ag Sb Cu Bi Zn Fe Al As Cd In Au Ni**	Z 3910

太字：ICP-AES 法が JIS で規格化されている元素
個別規格：各成分ごとに個別に規格化された中に ICP-AES 法が採用されている

ダイカスト品はドリルによる切子のサンプリングを行うと，ケイ素が脱落してしまう場合がある．さらに質が悪いものはケイ素が試料内で大きく偏在化していることがあるため，大きめのブロック状にチップリングすることが望ましい．大きくすることにより分解には不利となってしまうが，均質な結果を得るためには必要である．

洗浄に関しても鉄鋼と同様にチップリングした試料を溶剤で洗浄する方法が一般的である．鉄鋼よりも酸に反応しやすいものが多いため，酸による洗浄は避ける．タングステンは逆にアルカリ，および酸で洗浄し，その後溶剤で洗浄する方法がJISで規格化されている．

秤量に関しても鉄鋼材料とまったく同様であり，7.1.4項を参照されたい．

分解は鉄鋼と同様に，ICP-AESにより精度の高い定量値を得るために，最も重要な操作となる．以下に，各非鉄材料の主な分解法，および特に注意を払わなければならない成分の分解法に関して解説する．

7.2.3 銅

銅は非鉄の中でも最もよく利用されるものである．電気や熱の伝導性が極めて高く，耐食性に優れ，加工性もよく，古代から使われている．銅合金の種類は，銅以外の成分を極力低くした銅，亜鉛を添加した黄銅，そして，スズ，アルミニウム，リンなどを添加した青銅に大別される．銅合金の分解は硝酸を主体とした各種酸の組合せで容易に行うことができる．スズの量が多い青銅では，濃硝酸を用いるとスズが酸化して沈殿をしてしまう場合があるが，このような場合は，塩酸に硫酸や過酸化水素水などを組み合わせた混酸を用いるか，あるいは塩酸と硝酸の混酸を利用すれば分解が可能である．銅に含まれる成分はこれらの分解法により分解し，ICP-AESでほとんどの成分を測定することができる．

銅は，銅そのものの含有量が材質を決める場合が多いが，ICP-AESの測定の不確かさでは，要求される精度の測定を満足に行うことができないため，銅を電解により白金電極に析出させ，重量分析を行う方法（JIS H 1051「銅及び銅合金中の銅定量方法」）が一般的である．この電解は不十分であり，電解後の溶液に含まれる銅はICP-AESにより定量分析を行い，重量法で得た値に合算をする必要がある．また，この電解により銅を分離することができるため，電解後の溶液を使うことにより，主成分の銅がほとんどない状態でICP-AESにより他の成分の測定が可能となる．ただし，銀，金，水銀，白金族，ビスマス，ヒ素，モリブデン，アンチモン，鉛，スズなどは条件によっては一緒に析出してしまう場合がある（銅合金にはスズや鉛が含まれる場合が多いが，この場合は硝酸，フッ化水素酸，ホウ酸で試料を分解し，アンモニアで一度中性にした後に硝酸酸性溶液で電解を行うとこれらの析出を防げる．）．

ケイ素は硝酸や塩酸では完全に分解することができないため，ICP-AESで分析をするときは，不溶解物をろ過によりろ別をした後，アルカリ融解して主液に混ぜる方法がよく行われている．また，JIS H 1061「銅及び銅合金中のけい素定量方法」では，四フッ化エチレン製，あるいはポリ製の容器を使い，試料を塩酸と硝酸の混酸で分解した後，フッ化水素酸を加えて低温（70～80℃程度）でケイ素を分解し，ホウ酸を加えてフッ化水素酸をテトラフルオロホウ酸にした後，ICP-AESで測定する方法が規格化されているが，耐フッ化水素酸用の仕様の装置が必要となる．古い仕様では，ホウ酸を加えても装置からのコンタミネーションが防ぎきれない場合があるため，本方法を行うときは，必ず事前に空試験を行い，ケイ素のコンタミネーションの有無を把握しておく必要がある．最近は前項で示した通り，フッ化水素酸そのものを装置に導入しても，ケイ素のコンタミネーションがほとんど起こらないものがあるため，このような仕様の装置を有している場合はホウ酸を加える必要がない．

リンは銅から酸素を取り除く脱酸剤として優れており，製造過程でよく用いられるが，残存すると比抵抗値が増してしまうため，定量分析を行いその量を確認することが多い．リンはICP-AESにおける感度が高いほうではないので，要求される検出下限が得られない場合が多く，また吸光光度法が比較的容易であることからJISではICP-AESで測定する方法が規格化されていない．リンはモリブデン酸と反応させて，モリブドリン酸として抽出分離することができる[4)]ため，抽出後に逆抽出をして，モリブデンをICP-AESで測定することにより，間接的に測定する方法が極微量のリンの定量分析として行われているが，最近の装置は分解能が向上し，リンそのものの感度も飛躍的に高くなってきた．このため，このような分離をしなくても，50 μg/g以下の濃度まで直接測定が可能となってきている．

7.2.4 ニッケル

ニッケルは耐食性，耐熱性が極めて高いことから耐熱鋼としてよく利用される．また電気抵抗が大きく，耐摩耗性も優れている．ニッケル単体としてもよく使われるが，銅，クロム，鉄などとの合金はニクロム線やモネル，インコネル，ハステロイ，ジュメット線などのよく知られた材料として利用されている．現在，JISで規格化されているニッケル合金中の成分の定量分析方法の中で，ICP-AESを採用しているのはタングステンのみであるが，他の成分に関しては，ケイ素を含め，ほとんどが原子吸光分析法を採用しているため，今後，ICP-AESを利用した方法が規格化されることが見込まれる．

ニッケルの分解には主に濃硝酸を水で半分に希釈した希硝酸が利用される．これは濃硝酸を加えるとニッケルの表面に不動態皮膜ができてしまい，極端に分解速度が遅くなるためである．クロムを多量に含むニッケル合金は特に分解しづらい．JISでは王水を用いて分解をしているが，分解速度が遅い場合は，水で希釈した王水を用いる，あるいは塩酸と硝酸の割合を逆にした混酸を水で薄めたものを用いると早く分解ができることがある．

ニッケルに含まれる成分をICP-AESで測定する際に注意を要する成分は，ケイ素，タングステン，ホウ素である．ケイ素，およびタングステンは試料を希硝酸や王水で分解し，不溶解物をろ過によりろ別をした後，アルカリ融解して主液に混ぜる方法か，希硝酸や王水で分解後，さらにフッ化水素酸を用いて低温で分解し，耐フッ化水素酸仕様の装置で測定を行う．ホウ素は前節で解説した鉄鋼中のホウ素と同様に，窒化ホウ素，あるいは炭化ホウ素として含まれる場合があるため，石英製の容器を使い，希硝酸，あるいは塩酸と硝酸の混酸でニッケルを分解後，300℃以下で硫酸–リン酸による硫酸白煙処理を行う．

7.2.5 アルミニウム

アルミニウムは1886年にアルミナを溶融塩電解して金属アルミニウムを得る手法（Heroult-Hall法）が確立されて以来，需要が急速に拡大し，今では鉄鋼に次ぐ総生産量を誇る金属製品となっている．これはアルミニウムの軽量性に加え，銅，マグネシウム，ケイ素，マンガン，亜鉛など添加することにより，その機械的性質や耐食性，耐摩耗性などが飛躍的に向上するためである．特に銅やケイ素を多量に加えて作る鋳物やダイカスト品はさまざまな工業材料に広く使われている．

アルミニウム合金にとってケイ素は最も重要な添加成分の一つであるが，アルミニウム鋳物，およびダイカスト品に入れられるケイ素は酸化ケイ素の状態ではなく，金属ケイ素である（鉄鋼や他の非鉄などには酸化ケイ素の状態で含まれる場合が多い.）．したがって，これらを分析する際に塩酸や硝酸を用いて分解を行うと，アルミニウム自体はすぐに分解するが，ケイ素はこれらの酸には分解しないため，多量の金属ケイ素の黒色沈殿が発生する．この金属ケイ素を完全に分解することがアルミニウム合金の分解の大きなポイントとなる（アルミニウム鋳物，およびダイカスト以外では二酸化ケイ素の状態で含まれるが，これの一部も塩酸や硝酸には不溶解となる.）．JIS H 1307「アルミニウム及びアルミニウム合金の誘導結合プラズマ発光分光分析方法」では，試料を塩酸と過酸化水素水，または塩酸と硝酸の混酸で分解し，ケイ素を含む不溶解物を最も目の細かいCろ紙でろ別し，沈殿をフッ化水素酸，および少量の硫酸を加えてケイ素を揮発させて，加熱乾固した後，塩酸で残留物を溶解し主液に合わせる方法が規格化されている．本方法のフローチャートを**図 7.3** の左図に示した．ただし，アルミニウム鋳物，およびダイカスト品に関しては，本方法は実用的ではない．これは，アルミニウム鋳物，およびダイカスト中の金属ケイ素は非常に粒子が細かく，ろ紙の目につまってしまい（場合によってはろ紙を通過してしまうことがある），極端にろ過の速度が遅くなってしまうことがあげられる（ろ過ができた場合はフッ化水素酸に少量の硝酸を加える．この際，激しく反応するため注意を要する.）．このため，アルミニウム鋳物，およびダイカスト品の場合は以下の二つの方法で分解をすることが望ましい．

一つは分解時に，塩酸，硝酸，過酸化水素水などに加えて，フッ化水素酸を加える方法である．しかし，この方法の大きな問題点として，アルミニウムがフッ化物イオンと反応し，フッ化アルミニウムの沈殿を生成してしまうことがあげられる．特に過剰のフッ化水素酸を揮発させるために加熱濃縮を行うと，最終的には溶液がフッ化アルミニウムの沈殿によりペースト状となってしまい，ICP-AES に導入することができない状態となってしまう．生成したフッ化アルミニウムの沈殿は酸を加えても分解せず，さらにこの沈殿は多くの元素を共沈させてしまう性質があるため，ろ過をすることもできない．そこで，このフッ化アルミニウムが多量の熱水に溶解する性質を利用する．塩酸，硝酸，フッ化水素酸で試料を分解した後，硫酸を加えて硫酸の白煙がでるまで加熱濃

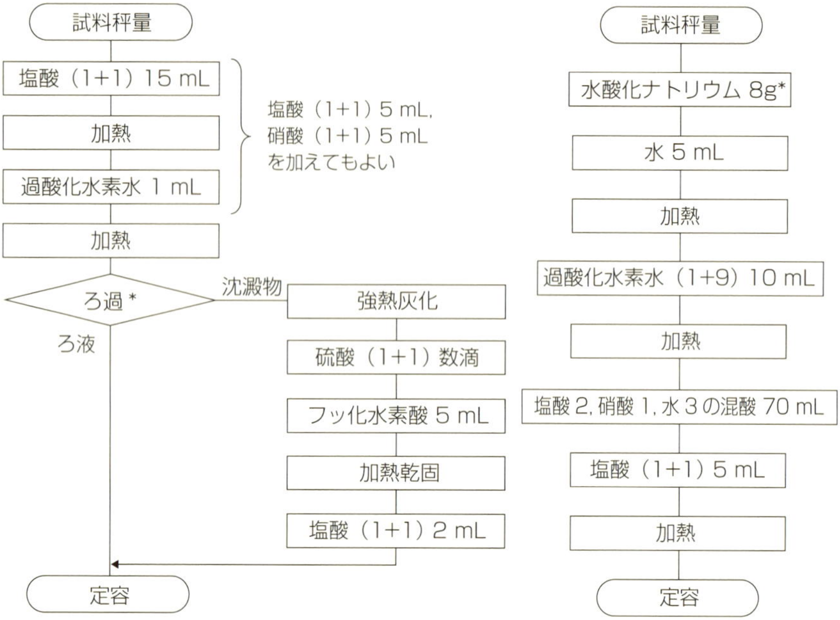

図 7.3　アルミニウム及びアルミニウム合金の分解法

左図：JIS H 1307，右図：JIS H 1352.
＊ケイ素の含有量により変える.

縮を行い，余分なフッ化水素酸を完全に揮発させる．この時点で，溶液がフッ化アルミニウムを含むペーストの状態となる．これに多量の水を加えて 30 分程度煮沸を行うことにより，このペーストを完全に溶液化することができる．このようにしてアルミニウム鋳物，およびダイカスト品に含まれる多くの成分を ICP-AES により定量分析をすることが可能となる．ただし，フッ化水素酸により加熱濃縮を行うため，ケイ素が完全に揮発してしまうので，この方法でケイ素を分析することはできない．また，鉛も難溶解性の硫酸鉛として沈殿してしまうため，測定ができない（硫酸のかわりに過塩素酸を用いる方法もあるが，フッ化水素酸が完全に揮発しないため，フッ化アルミニウムの分解に支障をきたす場合がある.）.

もう一つの方法はアルカリ塩を用いるものである．この方法は多くのアルミニウム合金分析の JIS でも規格化されている．過剰の水酸化ナトリウム水溶液を用いて分解した後，過酸化水素水を加えてアルカリでは分解しない銅などの成分を分解する．最後に塩酸や硝酸を加えることにより完全に分解することが可能である．本方法のフローチャートを図 7.3 の右図に示した．本方法の利点はケイ素も損失なく溶液化することができるため，ケイ素を ICP-AES で分析する方法として規格化されている（JIS H 1352「アルミニウム及びアルミニウム合金中のけい素定量方法」）．ケイ素の含有量が増えると，アルカリに分解しにくくなるため，アルカリの量を増やす必要がある．JIS では 12% までのケイ素含有量に対応しており，ケイ素の含有量が 2% を超える場合は 8 g の水酸化ナトリウムを試料に直接入れ，5 mL の水を加えて分解を行っている．このように多量のアルカリ塩を加えても，ケイ素の含有量が高いため，測定時に希釈を行うことにより，ICP-AES の高塩濃度に対する影響を低くすることができる．この方法の注意点として，ケイ素や銅の含有量が高い試料を分解するとき，試料片が大きいと溶け残る場合があることである．これを回避する方法は試料をできるだけ細かくすること以外にはないが，前述したようにアルミニウム鋳物，およびダイカストの場合，試料を細かくしすぎるとケイ素の脱落や偏在化を招く恐れがあるため注意を要する．

不純物をほとんど含まない高純度アルミニウムは，酸に分解する速度が極端に遅い．これは純度が低いアルミニウム合金では，これに含まれる成分のうち，アルミニウムよりも貴（あて）な金属成分が正極として働き，アルミニウムとの間に局部電池を形成して溶解を促進するが，高純度になるとこのような効果が得られないためである．このため，ICP-AES で定量分析を行う際に，検量線の組成を試料に合わせるために高純度アルミニウムを使用することはあまり実用的ではない．JIS ではできるだけ純度の高いアルミニウムを使用することが規格化されてはいるが，これの分解には多くの時間を要する．このため，純度の高いアルミニウムを利用する場合はニッケル，銅，スズなどを微量に添加する．この場合，定量を目的とする成分によってこれらを使い分けるとよい．また，検量線作成用のアルミニウムに，塩やその水和物を利用する場合もある．

7.2.6 マグネシウム

マグネシウムの比重は1.74で，これは金属材料の中では最も軽量である．このため，軽量化が必要とされる航空機，自動車，モバイルパソコンなどの材料として研究されている．機械的性質もアルミニウム合金と同程度であるうえ，加工しやすいといった大きなメリットがあるが，耐食性が悪いことからまだアルミニウムに変わる素材とはなっていない．これを克服するため，マグネシウムにアルミニウム，亜鉛，マンガンなどを添加した鋳物や展伸材が開発され実用化されている．さらに，ジルコニウムや希土類元素，リチウム，あるいはトリウムといった特殊な成分を添加した合金が開発され，マグネシウム合金の性質が飛躍的に向上してきた．このような観点からマグネシウム合金に含まれる成分を定量分析する機会は多いと言えよう．

マグネシウム合金は塩酸や硝酸，およびこれらの混酸で容易に分解することができる．JISでは塩酸–過酸化水素水，王水，硝酸–硫酸，フッ化水素酸–硫酸など，定量を行う成分に合わせてさまざまな酸が利用されているが，ICP-AESで測定を行う場合は王水で分解を行うことが推奨される．マグネシウム合金中の成分をICP-AESで定量する際に，注意をしなければならない成分として希土類元素があげられる．JIS H 1345「マグネシウム合金中の希土類定量方法」では，試料を塩酸で分解し，複数の沈殿分離を併用して，最終的にはシュウ酸塩として希土類元素を取り出して重量分析を行う．この方法は試料に含まれる全希土類元素の合量を得ることができるといったメリットがある．ICP-AESでは希土類元素を1種類ずつ，個別に定量分析をすることしかできないため，全希土類元素の合量を得るためにはあらかじめ，分析を行うマグネシウム合金にどの希土類元素が含まれているのかを把握しておく必要がある．多くの場合はミッシュメタルの形として添加されるため，ランタン，セリウム，プラセオジムおよびネオジムといった軽希土類元素を定量しておけばよいが，合金によっては他の希土類元素を添加する場合があるため，どのような希土類元素が入っているかを，分解能が高い波長分散型の蛍光X線などで調べておくとよい．また，ICP-AESで測定する際，セリウムやネオジムなどの希土類元素は多くのスペクトル線を発し，他の希土類元素をはじめ，多くの元素の波長にスペクトル干渉を起こすことも少なくないので，高濃度の希土類元素を含む場合は，選択する波長に十分注意をしなければならない．

7.2.7 チタン

チタンは表面に極めて安定な酸化皮膜を作ることにより，強い耐食性を示す優れた合金を作ることができる．さらに強度は鉄と同等，比重は鉄の半分，500℃以上での使用も耐えうるなど，優れた物性を持つが，加工性が悪いうえに非常に高価なことから，材料の最も重要な部分のみに使われることが多い．このようにチタンは安定な酸化皮膜を作るため，硝酸のような酸化性の酸では分解できない．さらにニッケルやクロムなどを添加した合金は塩酸の腐食にも強くなり，分解しづらくなる．フッ化水素酸には容易に分解するため，チタンの分解にはフッ化水素酸と他の酸との混酸がよく使われる．なお，チタンとフッ化水素酸の反応は，試料が細かい場合は激しく反応することがあるが，このような場合はフッ化水素酸を水で薄めたものを分解に使用したり，水で冷却をしながら分解を行う．また，チタンはフッ化水素酸以外にも加熱した硫酸に分解する．

ケイ素を分析するときは，四フッ化エチレン製，あるいはポリ製の容器中でフッ化水素酸により70～80℃程度で加熱分解を行った後，耐フッ化水素酸仕様のICP-AESで測定を行う（古いシステムではケイ素がコンタミネーションをするので注意する）．分解の際に，チタンとフッ化水素酸の反応により，過度に液温が上昇しないように注意する．

また，チタンもマグネシウムと同様に希土類元素を添加することがある．JIS H 1625「チタン合金–ランタン，セリウム，プラセオジム及びネオジム定量方法」ではICP-AESを使い，ランタン，セリウム，プラセオジム，およびネオジムを測定する方法が規格化されているが，本規格ではフッ化水素酸は用いず，硫酸と王水で分解を行っている．これは希土類元素がフッ素と難溶解性塩を作るためである．ただし，希土類元素の濃度が濃くなければ，フッ化水素酸を分解に用いても，硫酸の白煙処理を行うことにより安定に溶液化をすることができるため，他の成分と同時に測定をすることが可能である．

7.2.8
亜鉛

亜鉛は光沢のある電気メッキが簡単にできるため主にメッキに使用される．合金は主にダイカスト用で，加工性に優れ，安価であることからさまざまな材料に使われる．アルミニウム，または銅を加えると機械的強度が増し，マグネシウムを微量に加えると結晶粒を微細化することができることから，JIS ではアルミニウム，銅，および微量のマグネシウムを入れた 1 種とアルミニウム，および微量のマグネシウムを入れた 2 種が規格化されている．微量の不純物，特に鉛，スズ，カドミウムなどが多くなると粒界腐食を起こしやすくなるため，これらの成分の微量定量分析が必要不可欠となる．亜鉛合金は塩酸や硝酸，およびこれらの混酸で容易に分解することができる．JIS で規格化されている ICP-AES での分解方法は塩酸：硝酸＝45:1 の割合で混ぜた混酸を利用する場合が多い．前述の微量の不純物は数十 μg/g 程度までの感度を要求されるため，試料を多量に分解しなければならない場合がある．JIS では 5 g を分解し，100 mL に定容したものを測定に供するとしている．

7.2.9
タングステン

タングステンは極めて熱に強く，またモース硬度がダイヤモンドに次ぐランクであり，さらに炭化物にしたものをコバルトを結合剤として高密度に焼結したものは超硬合金と呼ばれ，他の材料を加工するための刃や粉砕器などに利用される．タングステンカーバイドはこの超硬合金の呼び名となっており，JIS でもこの呼び方で表記されている．タングステンカーバイドは非常に硬いため，インゴットや焼結材などの塊となったものはサンプリングが問題となる．このため，JIS ではタングステンカーバイドは粉末材料のみしか対象となっていない．タングステン，およびタングステンカーバイトは塩酸，硝酸，硫酸などにはほとんど分解しないが，フッ化水素酸と硝酸の混酸には迅速に分解する．また，リン酸を含む過酸化水素水でも分解ができるため，最近の JIS ではフッ化水素酸で分解を行う方法から過酸化水素水を使う分解方法に切り替えている．ただし，後者による分解が十分ではないケースもあるため，フッ化水素酸と硝酸の混酸の利用が勧められる．試料をこの混酸で分解し，耐フッ化水素酸仕様のICP-AESを用いることにより，ケイ素をはじめ各成分の迅速な分析が可能となる．

耐フッ化水素酸仕様のものが用意できない場合，タングステン中のケイ素を分析するときは，リン酸と過酸化水素水で分解し，さらに希王水を加えた溶液を測定する方法と，過酸化水素水と硫酸で分解した溶液にフッ化水素酸を加え，この溶液に酸素，あるいは窒素を通気して四フッ化ケイ素を揮発させて，ホウ酸溶液に吸収したものを測定する方法の2法がJISで規格化されている（JIS H 1402「タングステン粉及びタングステンカーバイド粉分析方法」，JIS H 1403「タングステン材料の分析方法」）．前述した通り，フッ化水素酸を使わない前者は分解を完全に行うことができない場合があるので，後者を行うことが望ましい．

7.2.10 ジルコニウム

ジルコニウム合金は原子炉の燃料被覆材として使われ，ジルカロイと呼ばれるスズ，クロム，鉄，ニッケルなどを添加したものがよく利用される．ジルコニウムはフッ化水素酸を含む混酸に容易に分解する．耐フッ化水素酸仕様のICP-AESを用いることによりケイ素，ニオブ，タングステンといった分解が困難な成分を含め，迅速に定量分析を行うことができる．また，フッ化水素酸を含む混酸で分解した後，硫酸を加えて白煙が発生するまで加熱濃縮を行うことにより，フッ化水素酸を除去して測定を行うことも可能である．ただし，この場合，ケイ素は揮発してしまうため測定することはできない．また，ニオブやタングステンは7.1.5項(3)で解説したように，シュウ酸，クエン酸，酒石酸などによりこれらを錯体化させて沈殿をしないようにして測定をする必要がある．リン酸はジルコニウムと反応し，リン酸ジルコニウムとなって沈殿してしまうので使用しないほうがよい（これは加熱硫酸により溶解することができる）．また，ジルコニウムは加熱した硫酸でも溶解することができるため，ホウ素などのフッ化水素酸を用いると揮発をしてしまうような成分を測定する場合は，硫酸で加熱分解する．ハフニウムは多くの場合でジルコニウムの不純物として含まれるため，測定対象となる場合が多い．ハフニウムはフッ化水素酸で容易に分解し，ICP-AESのスペクトルもジルコニウムとハフニウムとでは干渉し合わないため，精度の高い結果が得られるものの，検量線作成用溶液の組成を試料に合わせるために使用するジルコニウムにハフニウムを含む場合があるために注意をしなければならない．

7.2.11 タンタル

タンタルは耐食性が高いことと，高温でも優れた機械的特性が保たれることから，熱交換器や炉の部品としてよく使われる．タンタルは塩酸，硝酸，硫酸で分解をすると，加水分解を起こして沈殿をしてしまうため，フッ化水素酸と硝酸の混酸で分解を行う．耐フッ化水素酸仕様のICP-AESを用いることにより種々の成分を迅速に定量分析することができる．耐フッ化水素酸仕様のものが用意できない場合は，強塩基性陰イオン交換樹脂に分解した溶液を通し，タンタルをフッ化物錯体として樹脂に吸着分離した後，硫酸を加えて硫酸の白煙がでるまで加熱濃縮をするか，ホウ酸を加えてフッ化水素酸の持つ性質を低減させてから測定を行う．

7.2.12 ホワイトメタル（軸受合金），およびはんだ（低融点合金）

ホワイトメタル，およびはんだはスズを主体とし，アンチモン，鉛，銀，銅，ビスマスといった成分を添加したものであるが，最近の鉛の使用規制の流れから，鉛フリーのものを利用する場合が多く，このため，これらに含まれる鉛を分析することが極めて多くなった．しかしながら，スズやアンチモンは濃硝酸により酸化物に，銀は塩酸により塩化銀に，さらに鉛は硫酸により硫酸鉛になってしまい，いずれの場合も難溶解性の沈殿を生成する恐れがある．はんだの分析方法はJIS Z 3910「はんだ分析方法」で規格化されているが，この規格の中の原子吸光分析法，およびICP-AES法での測定で採用されている王水，あるいは塩酸：硝酸：水＝85：10：5の混酸により加熱分解すると酸化スズ，塩化銀の沈殿をどちらも作ることなくはんだを分解することができるためよく用いられている．また，同 JIS の中の銀の定量分析の部分で規格化されているが，スズは酒石酸などの多価の有機酸と錯形成をしやすいため，硝酸で分解する際に混ぜておくと酸化スズの生成を防ぐことができる．また，硝酸とフッ化水素酸との混酸を用いてもこれらの合金を分解することができるが，耐フッ化水素酸仕様の装置を利用するか，あるいはホウ酸を加えてフッ化水素酸の持つ性質を低減させる必要がある．

コラム　鉛フリーはんだ

鉛は人類とって扱いやすい金属として紀元前 3400 年ほどの昔から利用されてきた．一方で，鉛には人体毒性があることも古代ギリシアの時代からよく知られている．鉛はその利便性と毒性のバランスの中で，長年にわたり人間に利用されてきた．しかしながら，近年では環境意識の高まりとともに，環境中に排出あるいは廃棄される鉛を削減しようという動きが加速されている．中でも，EU において RoHS 指令（p.205 コラム参照）が制定されて以来，各国で鉛含有はんだの使用が規制され，鉛フリーはんだへの切り替えが進められている．鉛フリーはんだは，JIS　Z　3282 により鉛の含有率が 0.10% 以下と規定されており，近日ではスズ・銀・銅系合金やスズ・ビスマス系合金が多く用いられる．電子情報技術産業協会（JEITA）では鉛フリーはんだ規格化のための研究開発を NEDO 委託事業として実施して，Sn-3 Ag-0.5 Cu 系の鉛フリーはんだは従来の鉛はんだに比べて接合信頼性において問題がないとして，その利用を推奨している．

7.3 セラミックス材料

7.3.1 はじめに

セラミックスとは主に金属酸化物から成形や焼結などによって作られるもので，たとえば陶磁器，ガラス，セメントなどの窯業製品の総称であるが，最近では金属シリコン，炭素，炭化物，窒化物，ホウ化物などの無機化合物の成形体もセラミックスと呼んでいる．**表 7.5** に JIS のセラミックス関連用語に出ている材料を示した．ただし，前節で解説をした炭化タングステンは，JIS では非鉄と分類されているなど，非鉄との区分けは多少あいまいとなっている．セラミックスの中で，目的の機能を十分に発現させるため，化学組成，微量組織，形状および製造工程を精密に制御して製造し，主として非金属の無機物質からなるセラミックスをファインセラミックスと呼んでいる．この「目的の機能」とは，高強度，高硬質，超伝導，触媒作用，抗菌，光学特性などがあげられ，鉄鋼，非鉄に変わる新たな素材として広く利用されはじめているとともに，研究の対象となる場合も多い．これらの特殊な機能はファインセラミックスに含まれる不純物成分などにより発現の仕方が大きく異なる場合があるため，定量分析を行うことが必須となる．JIS でも多くのセラミックス材料が ICP-AES を用いた分析方法を規格化している．

7.3.2 セラミックス分析の流れ

セラミックス材料は鉄鋼や多くの非鉄とは異なり，分解しづらいものが多いため，試料をできるだけ小さくし，分解速度を促進させる必要がある．しかしながら，焼結されたセラミックスは極めて硬い場合が多く，サンプリングする

表 7.5 JIS のセラミックス関連用語に出ている材料

酸化物系	アルミナ（Al_2O_3）
	ジルコニア（ZrO_2）
	シリカ（SiO_2）
	マグネシア（MgO）
	ベリリア（BeO）
	酸化亜鉛（ZnO）
	チタニア（TiO_2）
	ムライト（$3\ Al_2O_3 \cdot 2\ SiO_2$）
	スピネル（$MgAl_2O_4$）系
	コーディライト（$2\ MgO \cdot 2\ Al_2O_3 \cdot 5\ SiO_2$）
	チタン酸アルミニウム（Al_2TiO_5）
	ステアライト（$MgO \cdot SiO_2$）
	フォルステライト（$2\ MgO \cdot SiO_2$）
	ジルコン（$ZrO_2 \cdot SiO_2$）
	アパタイト（$Ca\ 10\ (PO_4)_6\ (F,Cl,OH)_2)$）
	チタン酸塩（$XTiO_3$）
	タンタル酸塩（$XTaO_3$）
	ニオブ酸塩（$XNbO_3$）
	YAG（$Y_3Al_5O_{12}$）
	ITO（In,SnOx）
	PZT（Pb（Zr_x,Ti_{1-x}）O^3）
	PLZT（(Pb,La)（Zr_x,Ti_{1-x}）O_3）
炭化物系	炭化ケイ素（SiC）
	炭化チタン（TiC）
	炭化タングステン（WC）
窒化物系	窒化ほう素（BN）
	窒化アルミニウム（AlN）
	窒化ケイ素（Si_3N_4）
	窒化チタン（TiN）
ほう化物系	ほう化チタン（TiB_2）
	ほう化ジルコニウム（ZrB_2）
	ほう化ランタン（LaB_6）
ガラス系	石英（SiO_2）
	ソーダ石灰ガラス
	ほうけい酸ガラス
	アルミノけい酸ガラス
	りん酸ガラス
	鉛ガラス

方法も工夫が必要である．特にアルミナ，窒化ケイ素，炭化ケイ素は，試料が粉末以外の場合は，分解をするのに極端な時間を要するため，JIS でもこれらのセラミックスに関しては「微粉末」の試料に限って規格化をしている．これらのセラミックスを粉砕するためには，対象となる試料よりも硬い材質の粉砕容器（乳鉢やミル）を用いる必要がある．**表 7.6** に粉砕容器の材質とその硬さを表すモース硬度を示した．しかしながら，これらの容器を使用して粉砕を行うと，その容器自体がわずかではあるが削られてしまい，外部からの汚染（コンタミネーション）の原因となってしまうことがある．これらの容器から試料の粉砕処理を通して汚染する成分を同表に示した[5)]．なお，これ以外の汚染として，Na，K，Mg，Ca，Si，Fe などは粉砕中に環境から汚染する場合が多いため，これらの成分を分析する場合は十分に管理された治具，部屋で作業を行わなければならない．

秤量に関しては鉄鋼材料とほぼ同様であり，7.1.4 項を参照して欲しいが，セラミックスの場合，特に静電気を発生することが多いため，薬包紙はなるべく使用せず，アルミホイルを利用することが望ましい．

分解は前述した通り，セラミックス材料は分解しづらいものが多い．鉄鋼や非鉄のように，一般的な開放系での酸分解法が適用可能な場合もあるが，加圧分解法，あるいはアルカリ融解法がよく利用される．以下に各分解方法ごとに解説を行う．

表 7.6　セラミックス材料の粉砕に用いる容器

乾式粉砕に用いる容器	モース硬度	コンタミする可能性がある成分
メノウ（乳鉢）	7	Si B Cu Al
アルミナ（乳鉢）	9	Al Cr Fe Si
炭化タングステン（振動ミル）	9	W C Co Ti
炭化ケイ素	9.3	C Si
炭化ホウ素（乳鉢）	9.6	B C Co Zn Cu Ni
(ダイアモンド)*1	10	

＊1　粉砕容器として使われることはない．

7.3.3 開放系酸分解法

開放系酸分解法とは前節で解説をした鉄鋼や非鉄で適用される一般的な酸による分解法のことである．ガラス系のセラミックスはフッ化水素酸を含む混酸により，本方法で分解をすることができる．ガラスに含まれる成分によりフッ化水素酸に塩酸，硝酸，あるいは硫酸などを適宜加える．ガラスの場合は主成分が二酸化ケイ素である場合が多く，フッ化水素酸を用いて，これを蒸発乾固する，あるいは硫酸を加えて硫酸の白煙が出るまで加熱をすることにより，主成分の二酸化ケイ素を完全に除去した状態でICP-AESにより分析をすることができる．すなわちマトリックスによる干渉がない環境で測定をすることができるので，高精度，高感度な分析が可能となる．JIS R 3101ではソーダ石灰ガラス，JIS R 3105ではホウケイ酸ガラスの分析方法が規格化されており，これらはICP-AESでの方法がまだ整備されてはいないが，分解方法はフッ化水素酸と硫酸を用いた方法が中心となっており，ICP-AESで測定をする際の分解方法としても適用することができる．注意すべき点として，アルミニウムを多量に含む場合，フッ化水素酸で分解を行うとフッ化アルミニウムの沈殿が生成することがあげられる．これを避けるためには試料の量を減らすか，7.2.5項で示したように，多量の熱水により溶解させる方法がある．また，鉛ガラスをはじめ，ガラスには鉛を入れることがある．またバリウム，ストロンチウム，および多量のカルシウムなどが含まれると，硫酸によりこれらが硫酸塩として沈殿してしまうため，このような場合は硫酸を使わずにフッ化水素酸を蒸発乾固させるか，過塩素酸を使い，過塩素酸の白煙がでるまで加熱を行う．ただし，過塩素酸の沸点ではフッ化水素酸は完全にはなくならないために以後の操作にはガラス器具を使わないなどの注意を要する．

ニオブ，タンタル，およびジルコニウム系のセラミックスも焼結などの熱処理がされていなければ，フッ化水素酸と硝酸の混酸を利用した方法で分解をすることができる．フッ化水素酸を気化により除去してしまうと，ニオブとタンタルは加水分解による沈殿が生ずる．このため，フッ化水素酸は気化させずに，耐フッ化水素酸仕様のICP-AESによりそのまま測定をすることが推奨される．耐フッ化水素酸仕様のものが用意できない場合は，7.1.5項(3)で解説したように，シュウ酸，クエン酸，酒石酸などによりこれらを錯体化させるか，リン酸と過酸化水素を用いて加水分解が起こらないようにする．なお，焼結などの熱処理がされたこれらのセラミックスは，開放系による酸分解法では分解できない場合があるため，次項以降に解説する方法で分解を行う．

7.3.4
加圧分解法

加圧分解法は，開放系では分解できないセラミックスを分解するのに最も適した方法である．加圧分解法は多量の試料を分解できるうえ，密閉系で分析を行うことより，コンタミネーションを阻止することができる．このため，ナトリウムやカルシウムといったコンタミネーションをしやすい成分でも容易に極微量まで測定することができるといった特長がある．また，密閉系のもう一つの利点として，揮発してしまう成分でも損失することなく分解することができることもあげられる．逆にデメリットとして，ステンレス製の分解治具が高額であるうえ，操作を誤ると分解後に激しくそれらが痛んでしまう場合があることがあげられる．一昼夜の酸による加圧に耐えるように，密閉はかなり強い力をかけて行う必要がある．少しでも緩みがあると，酸の蒸気が漏れて分析ができなくなってしまうことはもちろんのこと，分解治具を激しく腐食させてしまう．また，内容器として使っている四フッ化エチレン製容器は，前述の通り分解治具を強い力で締めるため，内容器とふたの間の部分も強い力で圧迫され，激しくこの部分が損傷する．この部分が劣化していると圧力漏れの原因となるため，使用前には必ず劣化していないことを確認する必要がある．さらにこの内容器は多孔質であるため，特にケイ素系やホウ素系のセラミックスを分解した場合，これらの成分の一部が容器に入り込み，以後の分析でコンタミネーションを起こしてしまう．また，グラファイトのような炭素を含む試料を分解すると，炭素が入り込むことによって，容器を黒色化させてしまう．これらを避けるために，内容器の中にさらに白金るつぼを入れる方法がよく行われるが，その後の操作が煩雑になるといったデメリットも持つ．

JISでは窒化ケイ素，炭化ケイ素，炭素および炭化ケイ素含有耐火物，アルミナ，窒化アルミニウム，炭化ホウ素の各材料の定量分析時の分解方法として，加圧分解法が規格化されている．また，窒化ホウ素，チタニア，炭化ニオブ，ジルコニアなども加圧分解法により分解して，これらに含まれる成分の分析を行う研究が発表されている[6-9]．**表 7.7** にこれらの JIS，および文献に記載されている加圧分解法の概要を示す．本表には試料の秤取り量（試料量），分解に使用する酸とその量，温度および加熱時間を示した．これらの方法で対象の材料を分解しても，完全に溶液化ができない場合は，不溶解残さを再度加圧分解するか，ろ過により取り出して後述するアルカリ塩や二硫酸塩による融解を行う．

表 7.7 JIS, および文献における加圧分解法を使ったセラミックス材料の分解方法概要

規格，文献	測定対象	試料量 (g)	試薬	温度 (℃)	加熱時間 (時間)
JISR 1603	ファインセラミックス用窒化けい素微粉末	0.5	HNO_3 : 1 mL HF : 10 mL	160	16
JISR 1616	ファインセラミックス用炭化けい素微粉末	0.5	HNO_3 : 8 mL HF : 5 mL H_2SO_4 : 5 mL	240	16
JISR2011	炭素及び炭化けい素含有耐火物	0.5	HNO_3 : 5 mL HF : 5 mL H_2SO_4 : 2 mL	230	16
JISR 1649	ファインセラミックス用アルミナ微粉末	1	(1+3)H_2SO_4 : 15 mL	230	16
JISR9301	アルミナ粉末	1	(1+2)H_2SO_4 : 15 mL	230	16
JISR 1675	ファインセラミックス用窒化アルミニウム微粉末	0.75	(1+2)H_2SO_4 : 15 mL	200	16
JISR2015	耐火物用炭化ほう素原料	0.5	HF : 4 mL HNO_3 : 4 mL H_2SO_4 : 6 mL	230	16
文献 2	窒化ほう素	0.5	HCl : 2.5 mL HF : 5 mL	170	16
文献 3	チタニア	0.5	HCl : 2.5 mL HF : 2.5 mL	150	16
文献 4	炭化ニオブ	0.25	(1+1)HF : 2 mL (1+9)HNO_3 : 10 mL	160	16
文献 5	ジルコニア	0.5	(1+1)H_2SO_4 : 5 mL	230	16
			HCl : 2.5 mL (1+1)HF : 2.5 mL	150	5

表 7.7 の中で特に注意が必要なものがJIS R 1616「ファインセラミックス用炭化けい素微粉末の化学分析方法」で規格化されている炭化ケイ素の分解である．使用する酸は硫酸，硝酸，およびフッ化水素酸であるにもかかわらず，240℃ の高温で分解を行わなければならない．この温度は四フッ化エチレンが耐えうる上限付近であるため，オーブンの温度制御を十分に行わないと容器が激しく損傷してしまう．また，フッ化水素酸と硝酸を 240℃ で加熱することにより，内圧が異常に高くなるため，容器を締める際のわずかな緩みでもすぐに漏れが発生してしまう．場合によっては思わぬ事故にも繋がり兼ねないため，十分な注意が必要である．

また，JIS R 1649「ファインセラミックス用アルミナ微粉末の化学分析方法」ではアルミナ微粉末中のケイ素の定量分析方法が規格化されている．本方法は前述したように加圧容器内に白金るつぼを入れ，ケイ素をはじめ，内容器からのコンタミネーションを防止する方法が記載されている．しかし，このようにしても，中の溶液が白金製の容器から飛び出してしまうこともしばしばあるなど，完全にコンタミネーションを阻止できる訳ではない．したがって，窒化ケイ素や炭化ケイ素などのケイ素系の材料を分解する容器は専用のものとし，他の材料中のケイ素の分析に使わないといった配慮を行うことが望ましい．そして，ケイ素分析用として別の専用の容器を用意しておくとよい．

7.3.5
アルカリ融解法

アルカリ融解法も前節の加圧分解法と並び，セラミックス材料を分解するのに最も適した方法である．表 7.7 に示すセラミックスはすべてアルカリ融解法により分解することが可能である．加圧分解法と比較して短時間に分解が終了すること，および加圧分解法では分解が不十分であったり，容器からのコンタミネーションが懸念されるケイ素の分解を問題なく行うことができるといったメリットを持つ一方で，多量のアルカリ塩を使用するため，ICP-AES の測定に影響を及ぼす場合が多い．また高純度のアルカリ塩を入手しづらく，さらにすべて開放系で操作を行う都合上，微量のナトリウムやカルシウムなどの測定がコンタミネーションの影響でできなくなる場合が多い．**表 7.8** に JIS で規格

表 7.8 JIS におけるアルカリ融解法を使ったセラミックス材料の分解方法概要

規格	測定対象	試料量(g)	試薬	融成物の分解
JIS M 8852	セラミックス用高シリカ質原料	0.5	Na_2CO_3 : 2 g H_3BO_4 : 0.3 g	(1＋1)HCl : 20 mL H_2SO_4 : 1 mL
JIS M 8853	セラミックス用アルミノけい酸塩質原料	0.5	Na_2CO_3 : 2 g H_3BO_4 : 0.3 g	(1＋1)HCl : 20 mL
JIS M 8856	セラミックス用高アルミナ質原料	0.5	Na_2CO_3 : 3 g H_3BO_4 : 1 g	(1＋1)HCl : 30 mL
JIS R 1616	ファインセラミックス用炭化けい素微粉末	0.5	Na_2CO_3 : 2 g	(1＋1)H_2SO_4:5 mL*1
JIS R 2011	炭素及び炭化けい素含有耐火物	0.5	Na_2CO_3 : 3 g	(1＋1)HCl : 4.5 mL (1＋1)H_2SO_4:2.5 mL
JIS R 2012	ジルコン－ジルコニア質耐火物	0.5	Na_2CO_3 : 3 g H_3BO_4 : 2 g	(1＋1)HCl : 5 mL (1＋1)H_2SO_4:3 mL*2
JIS R 2013	アルミナ－ジルコニア－シリカ質耐火物	0.5	Na_2CO_3 : 3 g H_3BO_4 : 2 g	(1＋15)H_2SO_4 : 55 mL*2
JIS R 2014	アルミナ－マグネシア質耐火物	0.5	Na_2CO_3 : 3 g H_3BO_4 : 2 g	(1＋2)HCl : 30 mL (1＋15)H_2SO_4 : 10 mL
JIS R 2015	耐火物用炭化ほう素原料	0.5	Na_2CO_3 : 4 g	(1＋9)H_2SO_4 : 55 mL
JIS R 2212-1	耐火物製品－粘土質耐火物	0.5	Na_2CO_3 : 3 g	エタノール:5 mL (1＋1)HCl : 30 mL (1＋1)H_2SO_4:2 mL*3
JIS R 2212-2	耐火物製品－けい石質耐火物	0.5	Na_2CO_3 : 3 g	エタノール:5 mL (1＋1)HCl : 30 mL (1＋1)H_2SO_4:2 mL*3
JIS R 2212-3	耐火物製品－高アルミナ質耐火物	0.5	Na_2CO_3 : 3 g H_3BO_4 : 2 g	エタノール:5 mL (1＋1)HCl : 30 mL (1＋1)H_2SO_4:2 mL*3
JIS R 2212-4	耐火物製品－マグネシア及びドロマイト質耐火物	0.5	Na_2CO_3 : 3 g H_3BO_4 : 1 g	エタノール:5 mL (1＋1)HCl : 30 mL (1＋1)H_2SO_4:2 mL*3

表 7.8 つづき

JIS R 2212-5	耐火物製品ークロム・マグネシア質耐火物	0.5	Na_2CO_3 : 4 g H_3BO_4 : 2.7 g	エタノール : 5 mL (1＋1)HCl : 30 mL (1＋1)H_2SO_4 : 2 mL＊3
JIS R 2522	耐火物用アルミナセメント	1	Na_2CO_3 : 4 g H_3BO_4 : 2 g	(1＋1)HCl : 40 mL (1＋1)H_2SO_4 : 1 mL
JIS R 6123	アルミナ質研削材	0.5	Na_2CO_3 : 3 g H_3BO_4 : 2 g	(1＋1)H_2SO_4 : 30 mL
JIS R 9301	アルミナ粉末	5	Na_2CO_3 : 12 g H_3BO_4 : 4 g	HNO_3 : 50 mL, 他

融解に用いる容器はすべて，白金製のものを使用する．
＊1　分解後，HF : 15 mL，(1＋1) HCl 5 mL を加え，硫酸の白煙がでるまで加熱する．
＊2　分解後，ろ過をして，沈殿物を再度硫酸などで処理し，Na_2CO_3，および H_3BO_4 で融解処理を行う．
＊3　分解後，蒸発乾固させて，HCl : 5 mL 加えてろ過する．沈殿物を HF，H_2SO_4 を入れて加熱し，蒸発乾固後，Na_2CO_3 : 1 g，H_3BO_4 : 0.3 g で再び融解し，(1＋1) HCl : 10 mL で融成物を分解し，最初のろ液に混ぜる．

化されているセラミックス材料のアルカリ融解法の概要を示す．本表には試料の秤取り量（試料量），分解に使用する試薬とその量，そして，融成物の分解方法を示した．アルカリ融解法では使用する容器の材質の選択が重要となるが，セラミックス材料では，表 7.8 に示すものは，すべて白金製の容器を使って炭酸ナトリウムとホウ酸を組み合わせたものか，炭酸ナトリウム単独で融解を行う．前述したが，ICP-AES でアルカリ融解法により分解したものを測定する際の最も大きな問題は，塩が多量に共存するということである．このため，使用するアルカリの量は少ないほうが望ましい．したがって，試料の均質性，および検出感度に問題がなければ，表 7.8 に示す試料の量，および試薬の量よりも少ない量で分解することが望ましい．目安は試料量の 5～10 倍程度（ホウ酸を使うときは，炭酸ナトリウム 1 に対してホウ酸を 0.1～0.5 の割合で混ぜる）である．したがって，試料を 0.1 g 秤量した場合のアルカリ量は 0.5～1 g であり，この程度の量であれば，検量線作成用溶液にも同量のアルカリ量を加える（試料を処理するときと同様の方法で操作して検量線を作成する）ことにより，十分な精度を得ることができる．融解後はるつぼごとビーカーに入れて，表7.8に示すような酸を使って融成物を分解するが，一般的には水で半分に希釈した塩酸を用いるのが最も効率的である．ホウ酸を加えた融成物は分解しにくい場合があるが，このようなときは超音波をかけることにより迅速に分解をすることができる．その後るつぼを水で洗浄しながら取り出して定容をする．このようにして調製をした溶液を一般的な仕様のICP-AESで測定する際，アルカリ塩やホウ酸の濃度が高すぎるとネブライザーの噴霧が極端に悪くなる場合があるが，このようなときは，キャリアガスの加湿，および高塩濃度仕様のトーチやネブライザーを使用する．

炭酸ナトリウムとホウ酸を用いても分解が困難な試料に関しては過酸化ナトリウム，あるいは水酸化アルカリ塩と硝酸塩を混合したものを用いるが，これらは白金を激しく侵すため，白金以外の容器を使用する．前者はニッケル，ジルコニウム，アルミナなどを，後者は金，アルミナなどを利用するが，これらがまったく侵されないということではない．過酸化ナトリウムは最も強力な融解剤ではあるが，どのような容器を使用しても容器自身が少なからず侵されてしまう．**図7.4**に過酸化ナトリウムを使って融解を行ったときの，融解温度と容器の損傷量との関係を示す[10]．この図からわかるように，どのような容器でも損傷をするため，コストを考えてニッケル製のものがよく利用される．また，ジルコニウムの容器を不活性ガス雰囲気内で使用することにより，容器の劣化をある程度抑えることができる．大気中で使用するとジルコニウムの容器は激しく酸化され，白色化してしまうため，必ず不活性ガス雰囲気内中で使用する．また，図7.4にはないが，アルミナ製のるつぼもよく利用される．

7.3.6 二硫酸塩による融解法

アルカリ融解法の欠点として，多量の希土類元素や鉄，クロム，ニッケルなどを完全に分解できない場合があることがあげられる．特に触媒機能を持たせたセラミックスにはこれらに加え，シリカ系のコーディライトやアルミナといった分解しづらいセラミックスを担体として用い，さらに貴金属を担持することが多い．このため，加圧分解法やアルカリ融解法でも完全に分解できないことがある．二硫酸塩による融解は，一般的には開放系酸分解や加圧分解をし

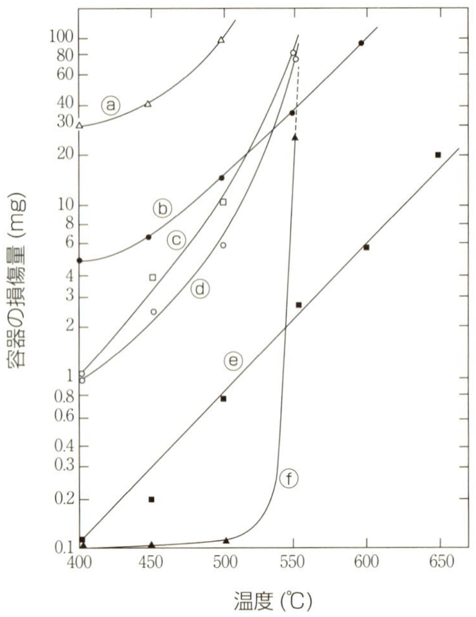

図 7.4 過酸化ナトリウムにより融解をしたときの温度と容器の損傷量との関係[6)]

a：磁性，b：銀，c：鉄，d：ニッケル，e：白金，f：ジルコニウム

ても分解されない不溶解残さをろ別した後に適用する．セラミックスに限らず，前節で解説した鉄鋼や非鉄を分解するときも，不溶解残さに対して本方法の適用が規格化されている場合が多い．二硫酸塩には主に二硫酸カリウム，または硫酸水素カリウムが使用される場合が多いが，二硫酸アンモニウムを使うと，分解後の溶液に融解塩が共存しないため，ICP-AES の測定には適しているといえよう．JIS では二硫酸塩の分解に白金製の容器を使うことが規格化されている場合が多い．二硫酸塩ではケイ素をまったく分解することができないが，逆にこの性質を利用して磁性や石英製はもちろんのこと，測定をする元素によってはパイレックスガラスを使用することもできる．このため，普通のガラス製のビーカーに試料と二硫酸塩を入れて 600℃ 程度で融解し，ビーカー内の融成物をそのまま塩酸や硝酸，あるいはこれらの混酸（王水など）で処理することにより，迅速に分解を行うことができる．

7.4 有機材料

7.4.1 はじめに

有機材料に含まれる金属の定量分析は，以前は塗料に含まれる無機顔料や，オイル，ガソリンなどに含まれる添加成分，食品中の種々の無機成分などに関するものしか行われていなかった．しかしながら，EU において人体に有害な成分を規制する動きが加速化し，2006 年に具体的な規制値が盛り込まれた RoHS 指令が発効されると，プラスチックや樹脂をはじめとする有機材料に含まれる重金属を測定する需要が飛躍的に伸びた．この RoHS 指令は，「カドミウム」，「鉛」，「水銀」，「六価クロム」，「ポリブロモビフェニル（PBB）」，「ポリブロモジフェニルエーテル（PBDE）」の 6 種類が規制の対象となっており，カドミウムは 100 μg/g 以下，その他のものは 1000 μg/g 以下でなければならないといった内容である．しかしながら，RoHS 指令の発効当初の大きな問題点の一つとして，規制されている有害物質の量を測定する方法の規格化の整備が遅れていたことが挙げられていた．すなわち，具体的な規制値が示されたものの，どのようにそれを測定してよいのかといったことが不明であった．このため，IEC（国際電気標準会議）を中心に，これらの分析方法の規格化の検討が進められ，2008 年 11 月にこれが明示された IEC 62321 が発行された．RoHS 指令は有機材料のみを対象としている訳ではなく，また，IEC 62321 も高分子材料，金属材料，電子材料というカテゴリーで規格化されている．しかし，特に RoHS 指令で規制されている成分を厳密に管理する対象材料として，プラスチックや樹脂などの有機材料があげられる場合が多い．これは有機材料に含まれる顔料や添加剤に鉛，カドミウム，六価クロムを，難燃剤に臭素系のものを過去に使用していたためである（有機材料以外では鉛フリーはんだ中の鉛や，メッキ中の鉛と六価クロムが分析の対象となる場合が多い)．鉄鋼や非鉄にも鉛などが含まれる場合が多いが，適用除外品目に上がっていたり，またセラミックスなどの無機材料にはこれらが含まれないケースがほとんどであるため，あまり分析の対象とはなっていないのが現状である．本項ではICP-AESにより有機材料に含まれる元素を測定する方法を，特にRoHS指令により規制されている成分を中心に解説を行う．

7.4.2 有機材料分析の流れ

有機材料を分析する流れに関しても7.1.5項とほぼ同様である．まず，サンプリングであるが，有機材料は鉄鋼，非鉄，およびセラミックス材料とは大きく異なり，比較的簡単に鋏やニッパーを使い試料を切ることができる．推奨される方法は粉砕である．有機物の粉砕は，試料を液体窒素で冷却して固めたものをステンレス製の棒で激しく叩くことにより粉末化する「フリーザーミル」を用いる．ただし，ステンレスを使用するため，その主成分である鉄，ニッケル，およびクロムがコンタミネーションする場合がある．特にRoHS指令に関する分析で全クロムを測定する場合には注意を要する．

洗浄に関しては，溶剤で洗浄を行うと有機材料の表面が変質してしまうことがあるため，原則的にはサンプリング後の試料の洗浄は行わない．どうしても洗浄の必要がある場合は，希塩酸と純水，あるいは純水のみで洗浄を行い，真空乾燥を行う．

分解に関しては，有機材料の場合，他の材料とは異なり，有機物を前処理の過程で完全に系内から除去することを目的とする．この有機物の除去とは，有機物を酸化させて二酸化炭素にして気化させることを示す．有機物を酸化させる方法は乾式，すなわち熱をかけて有機物を燃やす方法と，湿式，すなわち硝酸などの酸化剤により酸化させる方法の二通りがある．IEC 62321でも対象とする成分，および材料によってこれらを使い分けている．**図7.5**に六価クロムとPBB，PBDEを除く，IEC 62321に示された試料の分解方法をまとめたものを示す．次項より，図7.5に示されている方法のうち，高分子材料の分解方法を解説する．

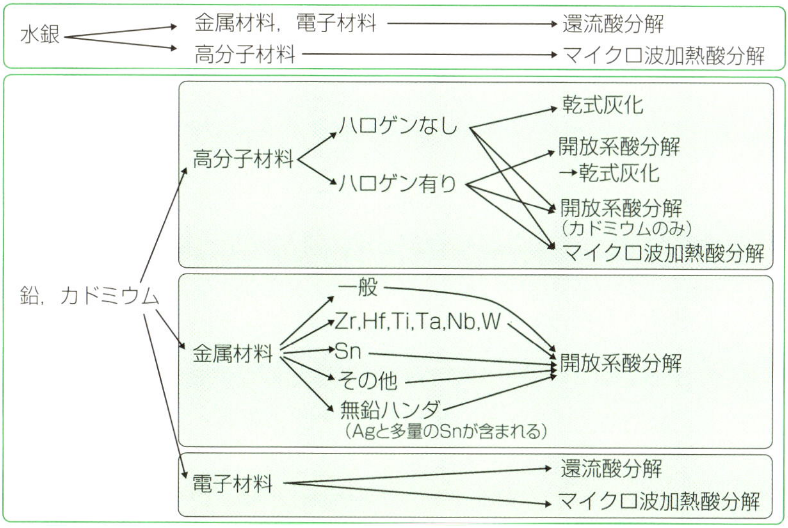

図 7.5　IEC 62321 の試料分解方法

7.4.3
乾式灰化法

乾式灰化法とは，試料を秤量した後，バーナーやマッフル炉で試料を直接燃やし，残存した灰分を酸やアルカリにより分解して分析を行う方法である．本分解法はフッ素系の樹脂をはじめ，すべての有機物で適用が可能である．いきなり高熱をかけて燃焼させると，炎が上がり，試料が舞ってしまう場合があるため，低温から徐々に温度を上げるようにする．乾式灰化による分解は手軽ではあるが，温度によっては測定を目的とする成分自体も揮発をしてしまう危険性があることに注意する．RoHS 指令で規制されている成分では，水銀と臭素はほぼすべてが，カドミウムや鉛も化学形態によっては一部が揮発する．本指令の規制対象成分以外でも，ヒ素，セレン，ホウ素，スズ，モリブデンなど，多くの元素が乾式で燃焼を行うと揮発をしてしまう場合が多い．ただし，このような揮発は温度により制御をすることも可能で，IEC 62321 では，550℃ で有機物を乾式灰化し，灰分を硝酸で分解し，鉛，およびカドミウムを測定することが規格化されている．ハロゲンを含む有機物はこの温度では完全に燃焼することができないため，適用することはできない．

乾式灰化により揮発してしまう元素が多いことを述べたが，この性質を逆に利用して，分析を目的とする成分を気化させて，その後，溶液に吸収することにより分離，溶液化をすることもよく行われる．水銀，臭素をはじめとするハロゲン，イオウは酸素雰囲気中で，高温で燃焼をさせるとほぼすべてが揮発する．石英管やアルミナ管を酸素で充填し，この中で試料を燃焼させて，揮発した成分のガスをキャリアガスで搬送し，吸収液に吸収させる（環状炉燃焼法）か，酸素を充填したフラスコに吸収液と試料を入れて密閉し，試料を引火させて燃焼した後に撹拌する（フラスコ燃焼法）ことにより，水銀，ハロゲン，イオウを定量的に回収することが可能である．水銀の場合は過マンガン酸カリウムと硝酸，硫酸の混合溶液を吸収液として使う．さらに，水銀は蒸気のまま，原子吸光分析装置のセルに搬送し，原子吸光法により直接定量分析を行うことも可能である．ハロゲンとイオウの場合は希アルカリ性とした過酸化水素水を吸収液とする．過酸化水素水は燃焼によって Br_2，Cl_2 となったものを HBr，HCl に還元する役割と，同じく燃焼によって SO_2，SO_3 となったものを SO_4 に酸化する役割を担う．最近は環状炉燃焼法がよく行われる場合が多いが，試料にアルカリ金属やアルカリ土類金属が多量に含まれると，ハロゲン化アルカリ塩や硫酸塩となってしまい，完全に気化させることができない場合がある．このような場合はフラスコ燃焼法を行う．

7.4.4 湿式による分解

(1) 開放系酸分解法

開放系酸分解法は有機物の分解方法としては最も一般的に利用されている．試料を秤量した後，硫酸と硝酸（場合によっては過酸化水素水を加える）を加えて加熱することにより分解を行う．硫酸は大変強い脱水作用があるため，有機物が触れると脱水，すなわちHとOが取られることにより炭化される．この作用は硫酸の沸点付近で激しく起こる．そこに硝酸を滴下すると，炭素が二酸化炭素に酸化され，除去される．この操作を繰り返し行うことにより，最終的に有機物を除去することができる．過酸化水素水は炭化物の酸化により硝酸が還元されて亜硝酸などとなったものを再び硝酸に酸化するために加えられる場合があるが，通常の分解では硫酸と硝酸のみで適用が可能である．RoHS指令により規制されている成分の中ではカドミウム，および全クロムがこの方法で容易に分解をすることが可能である．水銀は開放系酸分解を行うと揮発してしまうことがあるため，還流器をつけて，揮発した水銀が逃げないようにする必要がある．

開放系酸分解を迅速に行うため，次の三つのことに留意する必要がある．一つ目は加熱する温度をできるだけ高くすることである．なるべく高い温度で硫酸を加熱し，硫酸の蒸気が濃厚な白煙となって多量に発生する程度まで加熱を行うことにより脱水反応が迅速に進む．以前はよくバーナーの直火を加熱に用いていたが，最近は電気によるホットプレートを使う場合が多い．このとき，あまり温度が高くならないホットプレートは使用せず，高温になるものを用意する．二つ目は，硫酸による脱水処理を十分に行うことである．これが不十分のうちに硝酸を加えてしまうと，その後の脱水反応が起こりにくくなり，結果的に多くの時間がかかってしまう場合がある．試料を硫酸により加熱すると，炭化により試料全体が黒くなるが，これがペースト状となって全体的に広がるまでは硝酸を加えずに，炭化を進めることが望ましい．三つ目は，硝酸をなるべく熱いうちに加えることである．硫酸の白煙が発生しているうちに加えることが最も望ましいが，これにより激しく反応が起こり，溶液が突沸する場合も少なくない．これを避けるためには，スポイトやピペットを用いて，硝酸を1滴ずつ容器の壁を伝えて加えるとよい．どうしても突沸を防げないような場合は，試料を熱源から離して，ある程度冷めてから硝酸を加え，再び加熱する操作を繰り返すとよい．

開放系酸分解において最も大きな問題となるのが，硫酸と接することにより難溶解性塩を作ってしまう成分は測定ができないということである．この塩を作る成分として，鉛，バリウム，ストロンチウム，多量のカルシウムがあげられるが，特に鉛はRoHS指令で規制対象となっている成分である．硫酸鉛の水への溶解度積（難溶性塩の飽和溶液中における陽イオン濃度と陰イオン濃度の積．この値を超えると沈殿が生じ始める．）は1.7×10^{-8}程度であり，酸の中ではこれよりも高いとされている[11)]．したがって，鉛イオンと硫酸イオンの量の積が溶解度積以下であれば，難溶解性塩の生成を回避できることがある．ただし，硫酸鉛が生成する条件にはさまざまな因子が絡むため，溶解度積だけを考えればよいということではない．特に，硫酸鉛は他の沈殿物と共沈しやすいので，共存する成分によっては，溶解度積以下のイオン量であっても難溶解性塩の生成による回収率の低下を招く．硫酸バリウム（$BaSO_4$）とは最もよく共沈する．IEC 62321 でも共沈に関連することが触れられており，Ba の硫酸塩，Ag の塩化物，Al の酸化物，および Al の酸化物水和物は沈殿を生じ，鉛だけではなく他の成分も含め，共沈を起こすことがあると記載されている．したがって，鉛を分析するときには，次項で解説するマイクロ波加熱酸分解法を利用するか，このような場合は IEC 62321 に一部規格化されている次のような方法を用いるとよい．試料をるつぼやビーカーに秤量した後，硫酸を加える．IEC 62321 では 5～15 mL 加えるとあるが，その後の操作を考慮し，硫酸はできるだけ少量のほうが望ましい．ホットプレート上で加熱を行うことにより，試料が硫酸により脱水され炭化するが，これと同時に試料に含まれる鉛は硫酸鉛となる．硫酸鉛の融点は 1150～1200℃ と極めて高いため，試料が炭化し，硫酸がほとんど揮発した後であれば，ある程度高い温度で灰化を行っても鉛の損失はない（ただし，温度を 550℃ 以上に上げる場合，カドミウムは一部が気化してしまうため，一緒に測定することはできない）．炭化物を灰化した後の灰分には，バリウム，ストロンチウム，多量のカルシウムが共存していなければ，硫酸鉛以外の硫酸や硫酸塩は含まれないため，残った硫酸鉛は無機酸で容易に分解することができる．IEC 62321 ではこの分解に硝酸を使用している．なお，本方法を行っても，バリウム，ストロンチウム，多量のカルシウムが共存していると鉛が共沈する場合がある．このような場合には上記の操作を白金製容器を用いて行い，灰分を無機酸ではなくアルカリ融解することにより溶液化することができる（アルカリ融解に関しては 7.3.4 項を参照）．酸化ケイ素化合物が含まれる場合はフッ化水素酸で分解し，加熱乾固する（場合によっては硫酸を数滴加えて加熱乾固する）ことにより，酸化ケイ素，およびフッ化水素酸自身を除去することができ，乾固した試料を無機酸により分解を行うことができる．

(2) マイクロ波加熱酸分解法

マイクロ波加熱酸分解法は一般的な加熱方法と異なり，分析対象試料にエネルギーを与えることにより，試料そのものがそのエネルギーを吸収して発熱体となり，自ら分解をしていく方法である．その詳細な内容は前章を参照されたい．RoHS 指令によりプラスチックや樹脂製品を頻繁に分析する需要が伸びたことは前述したが，これに伴い，前項で解説した開放系酸分解よりも手軽であることから，マイクロ波加熱酸分解の適用も飛躍的に伸びた．IEC 62321 でもマイクロ波加熱酸分解法が一部規格化されている．マイクロ波加熱酸分解の利点として，迅速に分解が終了すること，密閉系での分解であるためコンタミネーションの影響を最小にできること，同じく密閉系での分解であるため揮発性の成分を損失なく回収することができることの 3 点がまずあげられる．さらにもう一つの大きなメリットとして，硫酸を使うことなく，硝酸のみ，あるいは硝酸とフッ化水素酸との混酸で迅速に有機物の分解を行うことができる場合があることがあげられる．これは硫酸と接すると難溶解性塩を作ってしまう鉛の分析には極めて有効である．一方，デメリットも多く，容器の耐性の問題から長時間の分解ができず，完全分解に至らない場合があること，開放系酸分解と比較して一度に分解できる試料の量が少ないこと，利点としてあげた硫酸を使わないで分解ができるという特徴はすべての有機物に適用される訳ではないこと，場合によっては爆発を起こす危険性があることなどがあげられる（ただし爆発の危険性に関しては，最近の装置は内圧をモニターして異常の場合には安全弁が開き，爆発を回避する安全対策がなされている）．特に硫酸を使わないと完全分解に達しないケースは多々あり，このような場合は試料の量を減らして再度分解をするか，残さをアルカリ融解法で処理を行う必要がある．あるいは硝酸と過塩素酸との混酸により分解を行う場合もある．ただし，過塩素酸単独で有機物と高温で接すると爆発的な反応が起こる．この反応による爆発は過去に度々大事故の原因となっており，安全装置などではまったく回避ができないほど大きなものであるため十分に注意をしなければならない．硝酸が共存していればこの反応を抑えることができるため，マイクロ波加熱酸分解時に過塩素酸を使用する場合は，必ず硝酸を入れなければならない．

7.4.5 ICP-AES による有機物の直接測定

今までは有機物を分解し，水溶液化をして，ICP-AES に導入できる形にして測定を行うための処理方法を解説してきた．しかし，ICP-AES は水溶液だけではなく，有機溶媒を直接導入することができるといったメリットを持つ．したがって，オイルなどに含まれる金属成分は，オイルを溶媒で希釈して直接 ICP-AES に導入して分析を行うことができる．ここで注意をしなければならない点は，溶媒により希釈したときに，分析を対象とする成分が必ず溶解をしていなければならないということである．したがって，磨耗粉などの固形成分や，溶媒による希釈により沈殿をしてしまう成分は分析ができない．

希釈溶媒は一般に高沸点のものが利用される場合が多く，ケロシン，トルエン，キシレン，4-メチル-2-ペンタノン（MIBK）などがよく利用されているが，最近の装置はかなり低沸点のものでも測定ができるようになってきた．日本では石油学会がこれらの分析方法を規格化しており，石油学会石油類試験関係規格（JPI）に記載されている．**表 7.9** に JPI 規格に記載された油中の金属成分を ICP-AES で定量分析する方法の概要を示す．本規格では潤滑油，軽油，および A 重油（動粘度が低い重油で，軽油に性状が近い．引火点，残留炭素分，水分，イオウ分などが規格で決められている）が分析の対象となって

表 7.9 JPI で規格化された溶媒希釈 ICP－AES 法

JPI 規格番号	対象油	対象成分	希釈溶媒
JPI-5 S-38*1	潤滑油	Ca Mg Zn P B Ba Mo S	灯油
JPI-5 S-44*2	使用潤滑油	Fe Cu Al Pb Cr Sn	灯油
	軽油	V Ni Fe Pb Ca	灯油　キシレン
JPI-5 S-62*3	A 重油	V Ni Fe Pb Ca	灯油　キシレン
	（重油）*4	(Al Si V Ni Fe) *4	－

＊1　潤滑油－添加元素試験方法－誘導結合プラズマ発光分光分析法
＊2　使用潤滑油中の Fe,Cu,Al,Pb,Cr および Sn 分試験方法
＊3　石油製品－金属分試験方法
＊4　試料を燃焼させて，酸により分解をして測定を行う方法

いるが，その他の有機溶媒でも，ケロシンやキシレンで希釈することにより，同様の分析ができることが多い．標準物質には有機金属錯体などの有機化合物を利用するが，SCP SCIENCE 社から販売されているコノスタンシリーズは，油中にさまざまな元素が既知濃度で入っており，さらに基油も販売されているため，これを用いることにより，簡単に標準溶液を作成することができる．

有機溶媒を ICP-AES に導入するときの条件は水溶液を導入するときとは異なるために注意する．高周波出力は水溶液のときはおおむね 1.3 kw 程度であるが，これよりも大きくしないと安定性が悪くなる．一般には 2 kW 程度まで上げる必要がある．このように出力を大きくすることによりプラズマが安定化しにくくなるため，冷却ガスを増量して安定化をはかる必要がある．逆に水溶液よりも吸込み量が多くなることから，キャリアガスは少なめに設定する．プラズマガスの調整は最も重要であり，トーチ管に有機溶媒の煤がたまらないように設定を行う必要がある．

コラム　RoHS 指令

RoHS 指令（特定有害物質使用禁止指令：Directive on Restriction of Hazardous Substances）は環境保全を目的に 2006 年に EU で制定された規制であり，環境汚染を引き起こすような物質の使用を制限しようという目的で導入された．環境問題では，これ以前は汚染が発生してからそれを処理する“End of the Pipe”型，すなわち環境現場規制型の対策が主流であったが，RoHS 指令では環境汚染を未然に防ぐために“ 環境を配慮した設計” に基づいた製品を市場に流通させることを意図した画期的な規制である．現在では，Cd, Hg, Pb, Cr(VI)，PBD PBDE（Cd の規制値は 100 µg/g，ほかは 1000 µg/g）の 6 種類が規制されている．EU での導入以降，日本，中国，韓国，米国カリフォルニアなどでも同様の規制が導入されている．さらに EU では REACH 規則（化学品の登録・評価・認可・制限に関する規則：the Registration, Evaluation, Authorization and Restriction of Chemicals）を制定して，化学物質の利用を抑制させる方向の政策を導入している．REACH 規則の中では生体影響や環境影響が特に懸念される物質を高懸念物質として指定している．これらの物質も近い将来に RoSH 指令に取り込まれてゆくことが予想される．

7.5 土壌・底質

7.5.1 はじめに

土壌や底質中の金属類の分析にはさまざまなものがあるが，学術・研究分野においてはより高感度に多元素同時分析が可能なICP-MSの利用が進んでいる．一方，環境関連法規に基づく分析法では，その汎用性と適用濃度範囲から，ICP-AESが広く用いられている．本節では，土壌・底質の分析法のうち環境省の告示などで採用されている公定分析法を中心に述べる．これらの分析では，環境汚染の現状の把握や排出源からの汚染発生量を明らかにすることなどを目的としているため，その目的に応じた前処理法が規定されている．

7.5.2 土壌の分析

土壌汚染にかかわる規制のうち，一般の土壌環境において維持されることが望ましい基準としては，環境庁告示第46号「土壌の汚染に係る環境基準」に環境基本法に基づく土壌環境基準が定められている（**表7.10**）．一方，特に市街地などにおいてすでに発生した土壌汚染について，その原因の把握や汚染の除去などの事後的な対策を講じるために，平成14年に「土壌汚染対策法」が施行され，土壌汚染にかかわる特定有害物質および指定区域における指定基準が定められている．**表7.11**に，金属関係の基準を抜粋して示した．

環告46号では，一定割合の水で対象物質を溶出させ，その検液中の濃度が環境基準値以下であることを環境上の要件としている．これは，土壌が持つ環境機能のうち，水質を浄化しかつ地下水を涵養（かんよう）する機能を保全する観点からであり[12]，溶出試験により有害物質の溶出量の評価を行う．土壌汚染対策法で

表 7.10 土壌環境基準

項目	環境上の条件
カドミウム	検液 1 L につき 0.01 mg 以下であり，かつ，農用地においては，米 1 kg につき 0.4 mg 以下であること．
全シアン	検液中に検出されないこと．
有機リン	検液中に検出されないこと．
鉛	検液 1 L につき 0.01 mg 以下であること．
六価クロム	検液 1 L につき 0.05 mg 以下であること．
ヒ素	検液 1 L につき 0.01 mg 以下であり，かつ，農用地（田に限る．）においては，土壌 1 kg につき 15 mg 未満であること．
総水銀	検液 1 L につき 0.0005 mg 以下であること．
アルキル水銀	検液中に検出されないこと．
PCB	検液中に検出されないこと．
銅	農用地（田に限る．）において，土壌 1 kg につき 125 mg 未満であること．
ジクロロメタン	検液 1 L につき 0.02 mg 以下であること．
四塩化炭素	検液 1 L につき 0.002 mg 以下であること．
1,2-ジクロロエタン	検液 1 L につき 0.004 mg 以下であること．
1,1-ジクロロエチレン	検液 1 L につき 0.02 mg 以下であること．
シス-1,2-ジクロロエチレン	検液 1 L につき 0.04 mg 以下であること．
1,1,1-トリクロロエタン	検液 1 L につき 1 mg 以下であること．
1,1,2-トリクロロエタン	検液 1 L につき 0.006 mg 以下であること．
トリクロロエチレン	検液 1 L につき 0.03 mg 以下であること．
テトラクロロエチレン	検液 1 L につき 0.01 mg 以下であること．
1,3-ジクロロプロペン	検液 1 L につき 0.002 mg 以下であること．
チウラム	検液 1 L につき 0.006 mg 以下であること．
シマジン	検液 1 L につき 0.003 mg 以下であること．
チオベンカルブ	検液 1 L につき 0.02 mg 以下であること．
ベンゼン	検液 1 L につき 0.01 mg 以下であること．
セレン	検液 1 L につき 0.01 mg 以下であること．
フッ素	検液 1 L につき 0.8 mg 以下であること．
ホウ素	検液 1 L につき 1 mg 以下であること．

表 7.11 土壌汚染対策法の溶出量基準と含有量基準（抜粋）

項目	溶出量基準	第二溶出量基準	含有量基準
カドミウムおよびその化合物	0.01 mg/L	0.3 mg/L	150 mg/kg
六価クロム化合物	0.05	1.5	250
水銀およびその化合物	0.0005	0.005	15
セレンおよびその化合物	0.01	0.3	150
鉛およびその化合物	0.01	0.3	150
ヒ素およびその化合物	0.01	0.3	150
フッ素およびその化合物	0.8	24	4000
ホウ素およびその化合物	1	30	4000

は，汚染土壌中の有害物質が雨水などとの接触により溶出して地下水を汚染するリスク（地下水汚染リスク）と，汚染土壌の直接摂取による健康リスク（直接摂取リスク）を考慮しているため[13)]，前者は平成 15 年環境省告示第 18 号「土壌溶出量調査に係る測定方法を定める件」に規定された溶出試験により，後者は平成 15 年環境省告示第 19 号「土壌含有量調査に係る測定方法を定める件」に規定された含有量試験により，それぞれ有害物質の溶出量および含有量の評価を行う．環告 46 号と環告 18 号の土壌溶出試験はほぼ同一のものであるので，本項では土壌汚染対策法で定められた土壌分析法（土壌溶出試験及び土壌含有試験）について概説する．**図 7.6** に土壌溶出試験および土壌含有試験のフローを示した．

(1) 試料の採取

土壌汚染対策法では，深さ 50 cm までの土壌を分析対象としている．特に表層 5 cm までを重要視し，表層 0～5 cm と 5～50 cm をそれぞれ別々に採取し，等量で混合したものを分析に用いる．試料は風乾し，中小のれきや木片などを取り除き，土壌の塊や団粒を粗砕した後，非金属製の 2 mm のふるいを通過したものを十分に混合して使用する．

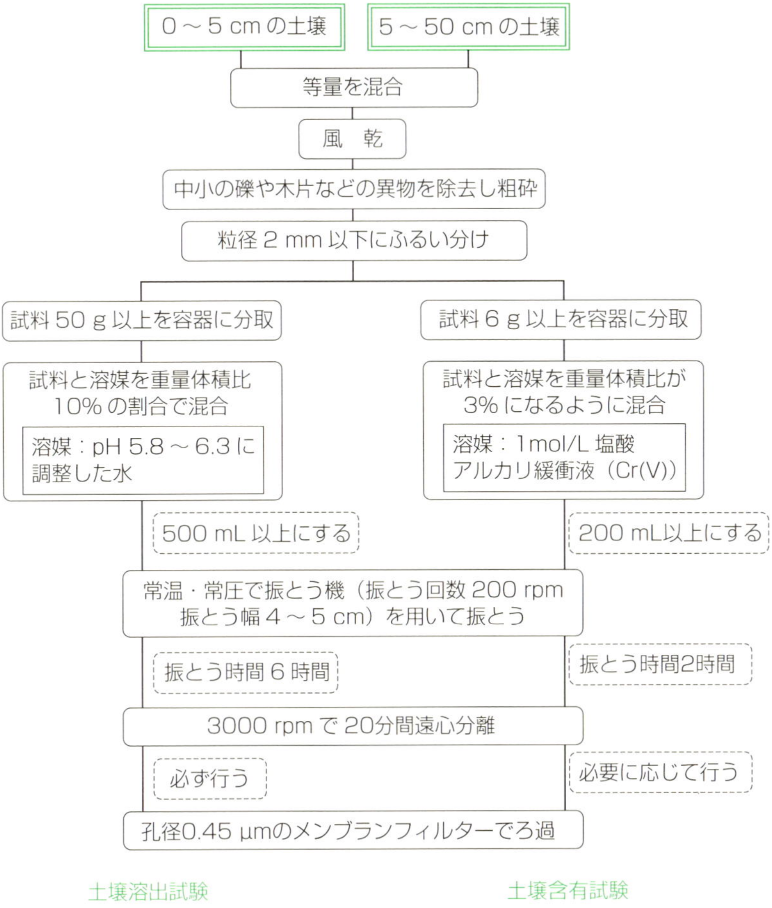

図 7.6　**土壌汚染対策法で規定された土壌溶出試験および土壌含有試験の手順**

(2) 検液の作成

a. 土壌溶出試験

土壌溶出試験では，汚染土壌による地下水汚染リスクを評価するため，土壌試料を 10 倍量の水と振り混ぜて，溶出してきた量を溶出量として評価する．試料 50 g を樹脂製の 1 L びんに分取し，溶媒として pH 5.8～6.3 に調整した水を 500 mL 加える（重量体積比が 10% となるようにする）．常温・常圧で振とう機（振とう幅4～5 cm，振とう回数200 rpm）を用いて6時間連続して振り混ぜる．溶出操作の後，試料溶液を10～30分放置し，上澄み液を3000 rpmで遠心分離した後，孔径0.45 µmのメンブランフィルターでろ過したものを検液とする．

b. 土壌含有試験

土壌含有試験では，人の直接摂取リスクを評価することを目的としているために，胃酸のpHが1～2であることを考慮して1 mol/L塩酸で溶出された量を含有量として評価する．試料6 gを樹脂製の500 mL容器に分取し，溶媒として1 mol/L塩酸を200 mL加え（重量体積比が3%となるようにする），常温・常圧で振とう機（振とう幅4～5 cm，振とう回数200 rpm）を用いて2時間連続して振り混ぜる．溶出操作後，試料溶液を10～30分放置し，必要であれば上澄み液を3000 rpmで遠心分離した後，孔径0.45 µmのメンブランフィルターでろ過したものを検液とする．六価クロムを分析する場合には，溶媒としてアルカリ緩衝液（炭酸ナトリウム0.005 mol/Lおよび炭酸水素ナトリウム0.01 mol/L混合溶液）を使用する．

(3) 測定

土壌汚染対策法では，B，Cd，Cr(VI)，Pbの測定にICP-AESが，AsおよびSeの測定に水素化物発生ICP-AESが適用される．なお，土壌含有試験では，乾燥重量ベースの濃度を用いて評価するため，(1) で得られた試料を105 ℃で4時間乾燥して含水率を算出し，測定により得られた湿重量ベースの濃度を乾燥重量ベースの濃度に換算する必要がある．なお，含水率を求めるために使用する試料は，汚染の恐れがあるため金属類の分析に使用してはならない．

(4) 問題点

土壌溶出試験においては，溶出力の小さい水を溶出溶媒として用いるため，溶出操作が分析値に大きな影響を与えることが知られている．そのため，日本環境測定分析協会において詳細な検討がなされており，同協会のWebサイトにその結果が公表されている[14)]．詳細については参考資料を参照していただきたいが，乾燥方法，振とう前放置時間，振とう方向，振とう時間が特に分析結果に大きな影響を与える．土壌含有試験では，溶出力の大きい1 mol/L 塩酸を溶出液に用いるために，溶出操作が分析結果に与える影響は土壌溶出試験と比較して小さい．ただし，土壌含有試験では土壌中の鉄がかなり溶出されるため，ICP-AES による分析では鉄による分光干渉に留意する必要がある．土壌汚染対策法では，B，Cd，Cr，Pb の測定法として ICP-AES が採用されている．JIS K 0102 では，ホウ素の測定波長として 249.773 nm が指定されている．ところが，この波長の近傍には鉄の発光線があるため，鉄による分光干渉が問題となることが知られている．**図 7.7** に，B 5 mg/L 溶液（実線）および Fe 20 mmol/L（1120 mg/L）溶液（破線）を，エシェルタイプの ICP-AES 装置で測定して得られた B 249.773 nm 近傍の発光スペクトルを示す．図 7.7 からわかるように，249.772 nm と 249.782 nm に Fe の発光線があるため，B 249.773 nm とスペクトルの重なりが問題となる．このため，土壌含有試験におけるホウ素の分析では，鉄の分光干渉が問題とならない 208.959 nm を使用することが望ましい．同様に，Cd 214.438 nm には鉄の分光干渉（214.445 nm）があるため，鉄による分光干渉を軽減するには 228.802 nm を使用する．ただし，この波長は近傍にヒ素の発光線（228.812 nm）があるので，分解能の高い装置ではピーク分離が可能であるが，通常のエシェルタイプの分光器ではピーク分離が困難なため注意が必要である．また，イオン線である 214.438 nm と中性原子線で

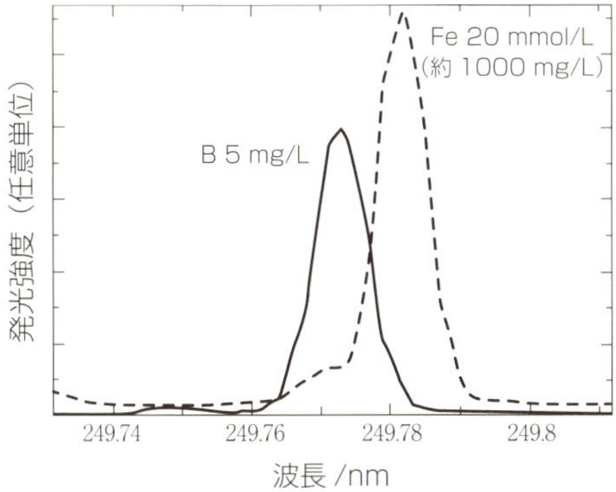

図 7.7 ICP-AES 測定における B に対する Fe の分光干渉の例

ある 228.802 nm では，イオン化干渉による影響の程度が異なるので，内標準元素の選択などにも注意が必要である．Pb　220.351 nm には鉄の発光線とのピークの重なりはないが，バックグランドが上昇するために注意が必要である．Cr206.149nm には鉄による分光干渉は問題とならない．このように，ICP-AES 測定においては共存成分による分光干渉が問題となるので，事前に定性分析を行い，装置内蔵のデータベースや文献などを参考にして分光干渉の有無を確認することが重要となる．また，測定により得られた発光線のプロファイルを必ず確認し，試料溶液と標準液とスペクトルの形状が異なる場合には分光干渉が疑われるので，必要であれば測定波長の変更や干渉を与える成分の分離・除去を行う．

7.5.3 底質の分析

底質は，海水や陸水において，周辺水域から輸送される粒子状物質や溶存態物質，あるいは大気降下物質の最終的なシンクであり，水域における物質循環において非常に重要な役割を果たしている[12]．底質にいったん蓄積された有害物質は，再溶出により水中に放出されるため，環境水の継続的な汚染源となる．また，底質から溶出した有害物質の魚介物への生物濃縮の問題や，底棲生物による有害物質の直接摂取の問題などと合わせて，底質の持つ環境影響は非常に大きいと考えられる．そのため，底質中の重金属類の分析方法として，昭和 63 年環水管第 127 号「底質調査方法」により，総水銀，アルキル水銀化合物，Cd，Pb，Cu，Zn，Fe，Mn，酸溶出クロム，総クロム，六価クロム，ヒ素などの分析法が規定された．その後，分解方法の改良や ICP-AES や ICP-MS の適用などに関する検討が進められ[12]，2012 年 8 月に大幅に改定された．

(1) 試料の採取

底質試料の試料採取には，エクマンバージ型採泥器またはこれに準ずる採泥器を用いる．サンプリングの際は，原則として底質表面から 10 cm 程度の底質を 3 回以上採取し，それらを混合して採泥試料とする．深さ方向に採取する場合には，柱状採泥器（コアサンプラー）を用いる．採泥した試料は，清浄なポリエチレン製のバットなどに移し，小石，貝殻，動植物片などの異物を除いた後，均等に混合し，清浄なポリエチレンびんやポリエチレン袋などの容器に入れて4℃以下に保冷して実験室に持ち帰る．なお，試料の保存容器などには，測定重金属などの物質の吸着，溶出などがない材質のものを使用する．

測定用の試料は，分析対象成分により「湿試料」,「風乾試料」,「乾燥試料」を調製する．一般的な金属類の分析にはいずれの試料も使用できるが，乾燥試料を用いるのが最適である．水銀を分析する場合は，乾燥中の揮発損失が問題となるので湿試料を用いる．また，六価クロムの分析のためには，試料調製中におけるクロムの価数変化が問題とならないように湿試料を用いる．まず，採取した試料を，非金属製（ナイロンメッシュなど）の2 mmのふるいに通し，3000 rpmで20分間遠心分離した後に上澄み液を捨て，残留物を十分混和したものを「湿試料」とする．「風乾試料」は，湿試料の適量を清浄な風乾用皿にとり，均一に広げ，直射日光をさけ，室温で空気中の湿度と平衡になるまで乾燥（風乾）させた後，塊を清浄な乳ばち（ガラスまたはめのう製）を用いて軽く押し潰してほぐし，2 mmのふるいを通して調製する．「乾燥試料」の調製法は以下のとおりである．

① 試料乾燥用皿に，湿試料から分析に必要な量を取り，厚さが10 mm以下になるようできるだけ平らに拡げる．

② 105～110℃の乾燥器中で約2時間乾燥した後，乾燥材としてシリカゲルまたは塩化カルシウムを入れたデシケーター中で約40分間放冷する．乾燥により試料が固まったときは，乳ばちなどを用いて軽く砕きほぐし，2 mmのふるいを通す．乾燥試料は適当な容器（測定成分の汚染などのおそれのない材質のもの）に入れ密栓して保存する．

(2) 試料の前処理

底質調査方法では，金属類分析用の前処理法には硝酸，塩酸，過塩素酸を用いる開放系酸分解法または硝酸，塩酸を用いる圧力容器法（マイクロ波加熱酸分解法）が用いられ，Cd，Pb，Cu，Zn，Fe，Mn，Ni，Mo，酸抽出クロム，Be，V，Uの分析に適用できる．**図7.8**に開放系分解法のフローチャートを示すが，この方法の概要は王水による底質中の汚染起源金属類の抽出と，抽出液中の有機物の分解である．その他，ヒ素およびセレンの分析用には硝酸・硫酸・過塩素酸を用いる開放系酸分解法が，アンチモンの分析には塩酸抽出法が用いられる．総クロムおよびホウ素の分析にはアルカリ融解法が用いられ，それぞれ炭酸ナトリウム＋硝酸ナトリウムおよび炭酸ナトリウムが融剤として使用される．また，六価クロムの分析では水抽出が用いられ，湿試料と水を固液

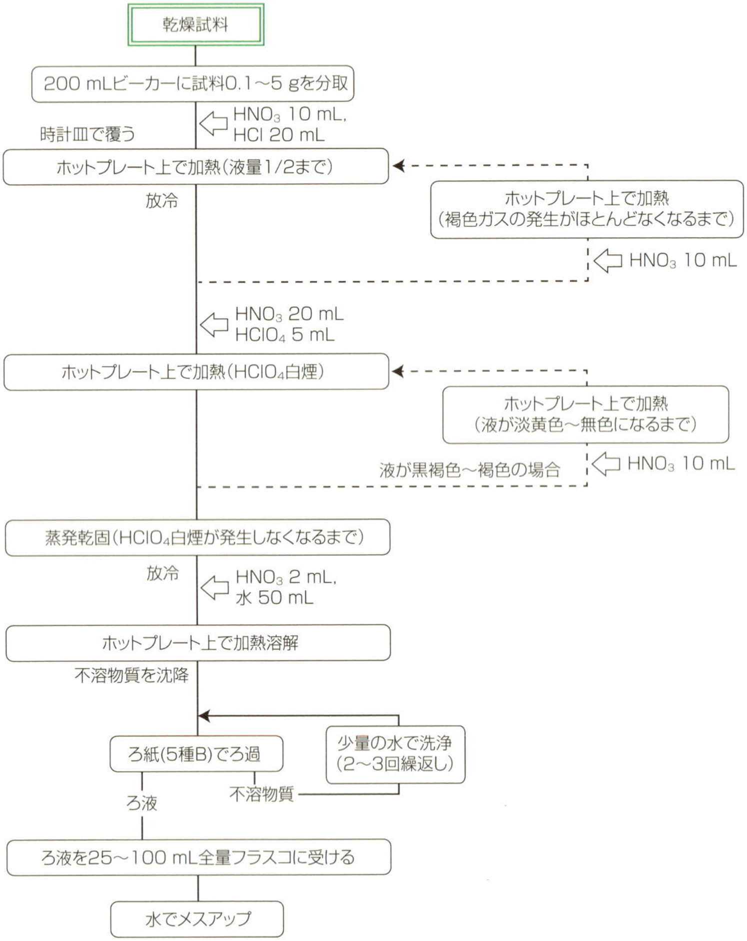

乾燥試料
200 mLビーカーに試料0.1～5 gを分取
時計皿で覆う
HNO3 10 mL,
HCl 20 mL
ホットプレート上で加熱（液量1/2まで）
放冷
ホットプレート上で加熱
（褐色ガスの発生がほとんどなくなるまで）
HNO3 10 mL
HNO3 20 mL
HClO4 5 mL
ホットプレート上で加熱（HClO4白煙）
ホットプレート上で加熱
（液が淡黄色～無色になるまで）
液が黒褐色～褐色の場合
HNO3 10 mL
蒸発乾固（HClO4白煙が発生しなくなるまで）
放冷
HNO3 2 mL,
水 50 mL
ホットプレート上で加熱溶解
不溶物質を沈降
ろ紙(5種B)でろ過
少量の水で洗浄
（2～3回繰返し）
ろ液
不溶物質
ろ液を25～100 mL全量フラスコに受ける
水でメスアップ

図 7.8　底質調査方法で用いられる試料の分解法（開放系酸分解）

比3対100で混合し，抽出時間4時間で室温において抽出を行い，5Bろ紙でろ過したものを検液とする．総水銀の抽出法には，硝酸—過マンガン酸カリウム還元分解法または硝酸—硫酸—過マンガン酸カリウム分解法が用いられる．

(3) 分析方法

底質調査方法では，ICP-AESがCd，Pb，Cu，Zn，Fe，Mn，Ni，Mo，Cr，B，Be，Vの分析方法として，水素化物発生ICP-AESがAs，Se，Sbの分析方法として採用されている．底質調査方法で採用されている試料の分解法（王水分解）は，土壌含有試験よりもさらにマトリックスが複雑で高濃度となるため，ICP-AES分析の際には分光干渉やイオン化干渉などに十分留意して測定する必要がある．なお，底質調査方法では内標準法の際に使用する内標準元素の一例として中性原子線とイオン線の両方が利用できるインジウムが例示されているが，そのマトリックスによる影響は後述のように分析目的元素と異なる場合があるので注意が必要である．共存元素の濃度が高い場合には，標準添加法の適用や分離・濃縮法の併用も検討するべきである．なお，総水銀の分析には還元気化原子吸光法が用いられる．

7.5.4 土壌および底質の多元素同時分析

土壌や底質の公定分析法では，有害物質の環境影響を評価することを目的としているため，その目的に応じた前処理法が採用されている[12]．一方，試料中元素の全含有量を測定する場合には，試料の完全分解が必要である．土壌や底質の完全分解法としては，フッ化水素酸を併用した酸分解法やアルカリ融解法が適用できる．関本らは，湖底堆積物標準物質を用い，開放系酸分解法とアルカリ融解法の比較を行っている[15]．

開放系酸分解法の手順は以下のとおりである．試料0.2 gをPTFE製ビーカーに分取し，硝酸4 mLを添加して一晩予備分解する．ホットプレート上で150℃で3時間加熱後，フッ化水素酸を8 mL添加して130℃で8時間加熱し，200℃でいったん乾固して余剰のフッ化水素酸を除去する．残留物に過塩素酸7 mLと硝酸3 mLを添加し，過塩素酸の白煙が発生するまで230℃で約30時間加熱して分解する．最後に1 mol/L硝酸30 mLで内容物を加温溶解し，ろ紙5種Aでろ過したものを100 mL全量フラスコで定容したものを分解溶液とする．

アルカリ融解法は以下の手順で行った．試料0.2 gを白金るつぼに分取し，メタホウ酸リチウム（$LiBO_2$）0.5 gを添加して十分混合する．バーナーで15分強熱して試料を融解し，放冷後，融解物をるつぼごと100 mLテフロンビーカーに移し，1 mol/L硝酸約60 mLを添加して融解物を撹拌溶解する．融解物を溶解した溶液をろ紙5種Aでろ過し，100 mL全量フラスコで定容したものを分解溶液とする．測定にはICP-AESおよびICP-MSを用い，mg/gレベルの主成分元素からサブμg/gレベル極微量成分元素まで46元素の定量を行っている．

開放系酸分解法では試料中のケイ素をSiF_4として揮散処理するためケイ素の分析ができないほか，ジルコニウムの分析値がアルカリ融解法と比較して明らかに低い値となっている．これは，試料中のジルコン（$ZrSiO_4$）が酸分解法では十分に分解できないためである．一方，アルカリ融解法では，開放系酸分解法と比較して比較的短時間で試料を分解できる，ケイ素およびジルコニウムの分析が可能であるなど利点があるが，Zn，Cu，Ni，Coの定量値が開放系酸分解法で得られた値と比較して低値となった．これは，融解操作中の揮発損失や白金るつぼへの合金化による損失が原因であると考えられる．このように，試料の分解法は分析目的元素に応じて適切に選択する必要がある．

7.6 廃棄物・焼却灰

7.6.1 廃棄物の溶出試験

わが国では，ばいじんや燃え殻などの産業廃棄物のうち，鉛やカドミウムなどを一定濃度以上含む廃棄物を特別管理産業廃棄物として規定し，通常の廃棄物よりも厳しい規制を行っている．**表 7.12** に，特別管理産業廃棄物の判定基準をまとめた．ここで「処理物」とは廃棄物を処分するために処理したものである．産業廃棄物の有害判定は，昭和 48 年 2 月環境庁告示第 13 号「産業廃棄物に含まれる金属等の検定方法」で規定される方法により行うこととされており，液状の廃棄物は含有量により，燃え殻，ばいじん，鉱さいなどの固形廃棄物は溶出量により行われる．これは，有害物質の水系への移行量が廃棄物の潜在的環境影響量を表すためであり，有害判定の結果により廃棄物の最終処分方法が決定される[16]．表 7.12 からわかるように，水銀以外の判定基準は mg/L ～サブ mg/L であり，ICP-AES の適用範囲である．なお，環告 13 号は，制定以来長年改定が行われていなかったが，分析の精度向上を目的として全面的な内容の見直しがなされ，平成 25 年にその一部が改正された．

廃棄物の溶出試験のフローを**図 7.9** に示したが，基本的に前節の土壌溶出試験と同様に 10 倍量の水で振とう操作を行う．ただし，ろ過方法が異なり，これが分析結果に大きな影響を与えるために注意が必要である．以下に廃棄物の溶出試験の手順について概説する．

(1) 試料の採取

燃え殻，汚泥またはばいじんは，有姿のまま採取し，小石などの異物を除去する．上記以外の廃棄物で粒径 5 mm 以上のものは粉砕し，目開き 0.5 mm お

表 7.12 特別管理産業廃棄物の判定基準

項　目	燃え殻・ばいじん・鉱さい			廃油(廃溶剤に限る)		汚泥・廃酸・廃アルカリ			
	燃え殻・ばいじん・鉱さい (mg/L)	処理物 (廃酸・廃アルカリ) (mg/L)	処理物 (廃酸・廃アルカリ以外) (mg/L)	処理物 (廃酸・廃アルカリ) (mg/L)	処理物 (廃酸・廃アルカリ以外) (mg/L)	汚泥 (mg/L)	廃酸・廃アルカリ (mg/L)	処理物 (廃酸・廃アルカリ) (mg/L)	処理物 (廃酸・廃アルカリ以外) (mg/L)
アルキル水銀	ND*1	ND	ND			ND	ND	ND	ND
水銀	0.005	0.05	0.005			0.005	0.05	0.05	0.005
カドミウム	0.3	1	0.3			0.3	1	1	0.3
鉛	0.3	1	0.3			0.3	1	1	0.3
有機リン						1	1	1	1
六価クロム	1.5	5	1.5			1.5	5	5	1.5
ヒ素	0.3	1	0.3			0.3	1	1	0.3
シアン						1	1	1	1
PCB				(廃油:0.5 mg/kg)		0.003	0.03	0.03	0.003
トリクロロエチレン				3	0.3	0.3	3	3	0.3
テトラクロロエチレン				1	0.1	0.1	1	1	0.1
ジクロロメタン				2	0.2	0.2	2	2	0.2
四塩化炭素				0.2	0.02	0.02	0.2	0.2	0.02
1,2-ジクロロエタン				0.4	0.04	0.04	0.4	0.4	0.04
1,1-ジクロロエチレン				2	0.2	0.2	2	2	0.2
シス-1,2 ジクロロエチレン				4	0.4	0.4	4	4	0.4
1,1,1-トリクロロエタン				30	3	3	30	30	3
1,1,2-トリクロロエタン				0.6	0.06	0.06	0.6	0.6	0.06
1,3-ジクロロプロペン				0.2	0.02	0.02	0.2	0.2	0.02
チラウム						0.06	0.6	0.6	0.06
シマジン						0.03	0.3	0.3	0.03
チオベンカルブ						0.2	2	2	0.2
ベンゼン				1	0.1	0.1	1	1	0.1
セレンまたはその化合物	0.3	1	0.3			0.3	1	1	0.3
ダイオキシン類 (単位は TEQ 換算)	3 ng/g	100 pg/L	3 ng/g			3 ng/g	100 pg/L	100 pg/L	3 ng/g

*1：検出されないこと

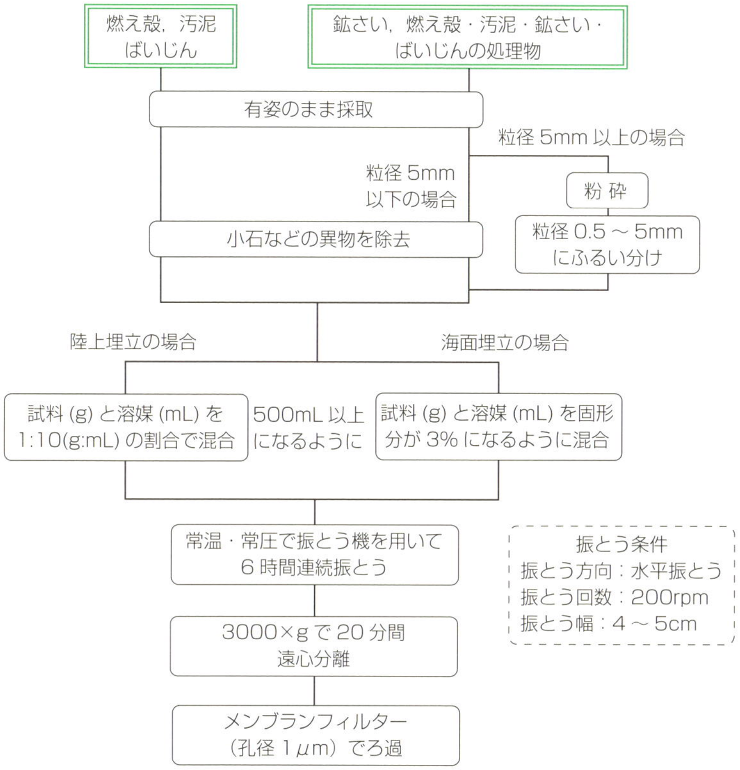

図 7.9 環境庁告示第 13 号に規定された廃棄物試料の溶出試験の手順

よび 5 mm のふるいを用いて 0.5～5 mm の画分を調製し，溶出試験に用いる．

(2) 試料液の調製

溶出試験に用いる溶媒は水（純水）であり，平成 25 年の改正によりその pH 調整が不要となった．なお，試料液の pH は試料そのものの特性に依存するので，溶出操作終了時の pH を記録しておくことが望ましい．一般的に，ばいじんや汚泥などはアルカリ性を示すため，重金属類の溶出を抑制する傾向が強い．

溶出試験を行う場合の試料と溶媒の混合割合は，陸上埋立の場合は試料 1 (g) に対して溶媒 10 (mL) であり，この方式を 1：10 方式と呼ぶ．なお，混合液は500 mL以上となるようにするため，通常は50 gの試料を500　mLの溶媒で溶出する．海面埋立の場合は，鉱さいなどの水を含まない試料では1:10方式であるが，汚泥，燃え殻，ばいじんなどの水を含みやすい試料は，混合後の液中の固形分が3 w/v（重量／容量）%になるようにする．この場合，あらかじめ試料の固形分を測定しておく必要がある．固形分の求め方は，まず湿試料を秤量し（A g)，試料を沸騰しないように蒸発乾燥した後105℃で2時間乾燥し，デシケーター中で30分放冷した後に残留分を秤量する（B g)．固形分は，B/A×100%から求められる．なお，使用する容器の容量が小さいと試料と溶媒が十分に混合されないため，用いる容器の容積は溶媒の体積のおおむね2倍とする（たとえば溶媒が500 mLであれば1000 mLの容器を用いる)．

(3) 溶出操作

常温，常圧で振とう機を用い，水平振とう，振とう回数200 rpm，振とう幅4～5 cmで連続6時間行う．振とう方向については，垂直振とうは水平振とうと比較して試料と溶媒が十分に混合されないために溶出濃度が低くなる傾向が見られたため，平成25年の改正で水平振とうに統一された．振とう後の溶液は，通常中性からアルカリ性のため，金属類の再吸着や容器への吸着などが溶出結果に影響を与えることがある．そのため，振とう操作終了後にただちに遠心分離およびろ過の操作を行うことが望ましい．

(4) 検液の作成

振とう操作後の溶液を，3000重力加速度（3000×g）で20分間遠心分離を行い，孔径1 µmのメンブランフィルターでろ過したものを検液とする．平成25年の改定により，ろ過操作の前段階として遠心分離が必須となり，またその条件も従来の回転数から重力加速度の指定に変更となったので注意が必要である．また，ろ過材も従来のグラスファイバーろ紙からメンブランフィルターに変更となった．これらの改正は，ろ過条件を統一するためのものであり，1 µmのろ過を確実に行うことが主な目的である．

なお，フィルターが目詰まりを起こすような条件でろ過を継続すると，1 µm以下の粒子もろ過により取り除かれて分析値が低く評価されるため，ろ過速度が低下した場合にはフィルターをその都度交換することが重要である．

(5) 検液の前処理

溶出試験および含有量試験で作製した検液は，JIS K 0102「工場排水試験方法」で規定された方法により前処理を行い，測定に供する．前処理法としては，

① 硝酸または塩酸煮沸，
② 硝酸または塩酸分解，
③ 硝酸・過塩素酸分解，
④ 硝酸・硫酸分解

の 4 種類の方法が規定されており，検液中の粒子状物質や有機物の種類や量により使い分ける．

(6) 分析法

環告 13 号では，Cd，Pb，Cr(VI)，Cu，Zn，Be，Cr，Ni，V の分析法として ICP-AES が，As および Se の分析法として水素化物発生 ICP-AES が採用されている．

7.6.2 ICP-AES を用いるばいじん溶出液の分析とその注意点

溶出試験の一例として，ばいじんの溶出試験を行った結果を示す．試料には，廃棄物焼却施設から採取したばいじんを 50℃ で乾燥し，夾雑物を除去した後 100 メッシュのふるいを通過したものを混合・均一化したものを用いた．試料の溶出操作は前項の通りに行った．溶出操作後の溶出液の pH は 11.6 程度であったため，分析対象元素の再沈殿を防止するために速やかに硝酸を 5% となるように添加し，イオン交換水で 2 倍希釈して保管した．

廃棄物焼却施設から排出されるばいじんは，一般的にカルシウムを非常に高濃度に含むことが知られており，ばいじん溶出液中のカルシウム濃度が非常に

高くなる．そのため，特に軸方向測光方式のICP-AESでは，イオン化干渉による発光強度の変動が問題となることが予想される．そこで，実際試料の分析に先立ち，軸方向測光方式のICP-AESを用い，カルシウムによる信号強度の変動について検討した．分析目的元素としてAs，B，Cd，Cr，Cu，Mo，Ni，Pb，Se，V，Znを，内標準元素としてY，Inを各5 mg/L含む混合溶液に，マトリックスとしてカルシウムを200，400，800，2000，4000 mg/Lとなるように添加し，軸方向測光方式のICP-AESを用いて測定を行った．マトリックスなしのときの信号強度を1として規格化したものを**図7.10**に示した．ここで，実線はイオン線，破線は中性原子線を表している．上図は内標準補正

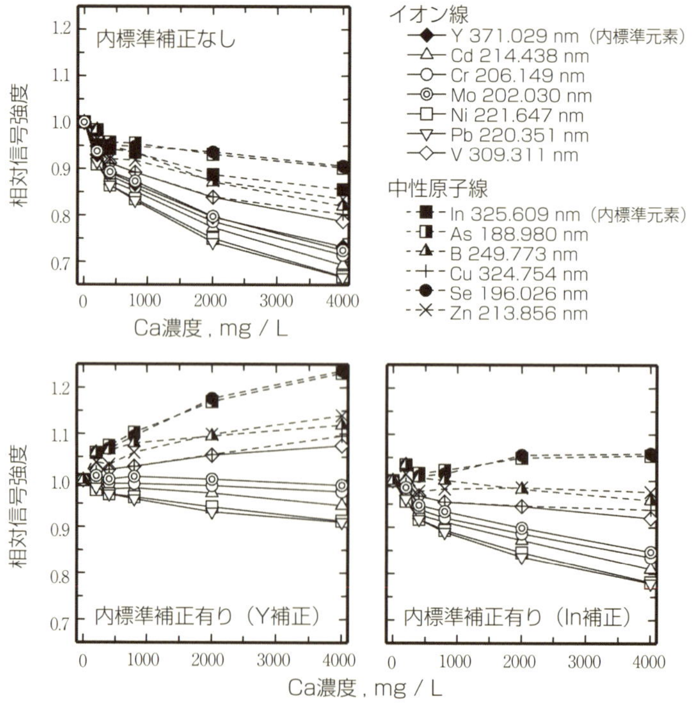

図7.10 ICP-AESにおけるCaマトリックスによる信号強度の変化

マトリックス：Ca 0, 200, 400, 800, 2000, 4000 mg/L
測定元素：As, B, Cd, Cr, Cu, Mo, Ni, Pb, Se, V, Zn 各5 mg/L
内標準元素：Y, In 各5 mg/L

なしのときの結果であるが，いずれの元素もカルシウムの濃度が高くなるにつれて信号強度の低下がみられる．ここで重要なのが，感度低下の程度が元素（波長）により異なることであり，全体の傾向としては，イオン線のほうが中性原子線と比べて感度低下が顕著である．物理干渉が原因であれば，元素（波長）によらず一様に感度が変動するため，上図でみられる感度低下はカルシウムによるイオン化干渉によるものと考えられる．一般的にICP-AESで内標準元素として使用されるイットリウムのイオン線（371.029 nm）を用いて内標準補正をした結果が図7.10の下左図であるが，中性原子線では過剰補正であり，イオン線でも特にカルシウム濃度が1000 mg/Lレベルになると十分な補正が困難であることがわかる．同様に，インジウムの中性原子線（325.609 nm）を内標準として用いて内標準補正を行った結果（図7.10の下右図）においては，イオン線は補正不足であり，中性原子線も完全な補正は不可能である．なお，AsおよびSeは水素化物発生法を用いることとなっているため，通常はこのようなイオン化干渉は問題とならないが，溶液噴霧で他の元素と同時分析する際には特に注意が必要である．

表7.13に，ICP-AESを用いたばいじん溶出液中元素の定量結果を示す．定量法には内標準法を用い，中性原子線を用いる元素はIn 325.609 nmを，イオン線にはY 371.029 nmを内標準に用いた．測定元素の濃度に応じて，CaからSは1000倍希釈溶液を，PbからZnは50倍希釈溶液を，その他の元素は5倍希釈溶液を用いた．測定結果は独立3回測定の平均値±標準偏差で表している．50倍希釈溶液では，カルシウムの濃度が150 mg/L程度となるため，イオン化干渉はほとんど問題とならないと考えられる．また，Cr，Mo，Bは5倍希釈溶液を用いているためにイオン化干渉が問題となるが，図7.10から内標準と比較的挙動が類似しているため，内標準補正がほぼ機能していると考えられる．ただし，表7.13からわかるように，ばいじん溶出液にはカルシウム以外にもK，Na，Sも高濃度に含まれており，このような複雑なマトリックスを含む試料では内標準法による精確な定量は困難であると考えられる．

そこで，図7.10から最もイオン化干渉の影響を受けると思われる鉛に注目し，絶対検量線法，内標準法，および標準添加法の3種類の定量法を用いてばいじん中濃度を定量し比較を行った．試料は前述と同じばいじん溶出液を用

表 7.13 ICP-AES によるばいじん溶出液中元素の定量結果

元素*1	波長*1（nm）	測定値*2（mg/L）			検出限界（mg/L）
Ca	317.933（II）	6790	±	70	6
K	766.491（I）	3500	±	60	0.2
Na	588.995（I）	2500	±	30	4
S	181.972（I）	450	±	2	10
Pb	220.351（II）	11.8	±	0.3	0.1
Sr	216.596（II）	7.05	±	0.13	0.002
Ba	455.403（II）	5.28	±	0.07	0.004
Zn	213.856（I）	3.28	±	0.17	0.02
Cr	206.149（II）	0.546	±	0.012	0.003
Mo	202.030（II）	0.173	±	0.002	0.004
B	249.773（I）	0.029	±	0.001	0.001

＊1 Ca～S は 1000 倍希釈溶液を，Pb～Zn は 50 倍希釈溶液を，それ以外の元素は 5 倍希釈溶液を測定溶液とした．
＊2 かっこの中の I および II はそれぞれ中性原子線，イオン線を表す．
＊3 平均値±標準偏差（n=3）．

い，絶対検量線法および内標準法では 5 倍，10 倍，50 倍希釈溶液を，標準添加法では 5 倍および 10 倍希釈溶液を測定に用いた．測定波長は Pb 220.351 nm（II）を使用し，内標準法では Y 371.029 nm（II）を内標準に用いた．結果を**図 7.11** に示すが，標準添加法による定量結果が最も高く，絶対検量線法では明らかに低値となることがわかった．また，内標準法を用いても標準添加法と比べて 1 割程度低い値となった．また，絶対検量線法および内標準法では，希釈倍率が大きくなるほど標準添加法で得られた値に近くなり，特に絶対検量線法で顕著であった．繰返し再現性は，10 倍希釈溶液が最も優れており，これは 5 倍希釈溶液ではマトリックス濃度が高いこと，50 倍希釈溶液では鉛の濃度が低くなることが原因であると考えられる．このように，高塩濃度試料を測定する際には，標準添加法を用いることが必要であることがわかった．なお，イオン化干渉の対策法としては，試料の希釈もある程度有効な手段である．ただし，溶出試験においてすべての試料を標準添加法により定量することは現実

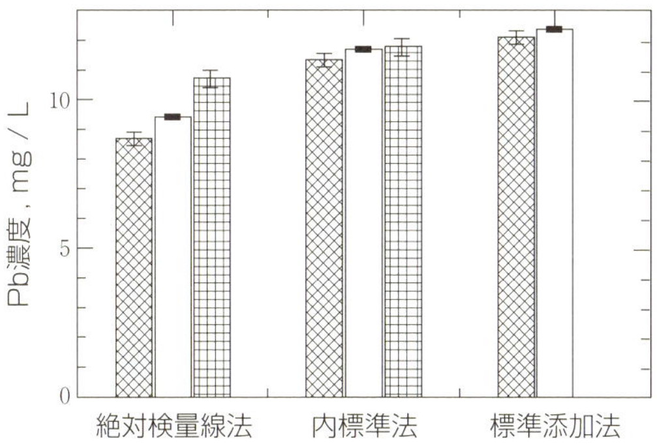

図 7.11 定量法によるばいじん溶出液中鉛の定量値の違い

▨；5 倍希釈溶液，□；10 倍希釈溶液，▦；50 倍希釈溶液
独立 3 回測定の平均値（エラーバーは標準偏差を表す）

的ではない．そこで，まずできるだけ希釈した溶液を用いて絶対検量線法または内標準法によりスクリーニング分析を行い，基準値付近の濃度が検出された試料について標準添加法を用いて詳細に分析するのがよい．

7.6.3 産業廃棄物焼却灰中貴金属類の分析

前節で述べたように，廃棄物の分析はその埋立処分に伴う潜在的環境影響を評価するために，有害物質の溶出試験を中心とした規制的な分析が中心に行われてきた．一方，世界的なレアメタル類の需要拡大により，その戦略的利用やリサイクルへの促進への取り組みが進む中，レアメタルの供給源として廃棄物からのレアメタルの回収への期待が高まっており，その基礎として廃棄物中レアメタル分析法の確立が求められている．これは，レアメタルを含む材料の分解が困難であることや，一般的に機能性材料に含まれるレアメタルはその製品中の使用量が極めて少量であり，ICP-AES や ICP-MS を使用しても直接分析することは困難であるためである．本項では，廃棄物中レアメタルの分析例として，著者らの産業廃棄物焼却灰中貴金属類の分析について紹介する[17]．なお，焼却灰中の貴金属類は極めて低濃度であり，ICP-AES による分析が困難なため ICP-MS を用いて測定していることをあらかじめお断りしておく．

試料は3種類の異なる産業廃棄物焼却炉から採取したばいじん（飛灰）と燃えがら（残さ）を用い，比較のために（独）産業技術総合研究所から頒布されているコールフライアッシュ標準試料（GSJ JCFA-1）およびBCR（欧州共同体標準局）から頒布されている都市ごみ焼却灰認証標準物質（BCR CRM No. 176）も同様に分析した．**図7.12**に試料分解のフローを示した．

試料0.3 gをテフロンビーカーに分取し，フッ化水素酸と王水を添加しホットプレートで加熱（150℃）して試料を分解する．炭素残さの多い試料（残さ）は，あらかじめ磁性るつぼ中で灰化して使用する．なお，酸分解中の貴金属類の加水分解を防止するために，NaClを添加して貴金属類が安定なクロロ錯体を形成するようにしている．180℃で蒸発乾固して余剰のフッ化水素酸を除去した後，硝酸と過塩素酸を添加して220℃でさらに試料を分解する．分解終了後，過塩素酸を除去するためにいったん蒸発乾固する．次に残存物を王水で溶解し，乾固と塩酸溶解を繰り返すことで貴金属類を安定なクロロ錯体に変換する．この溶液をろ過して50 mLに定容したものを焼却灰分解溶液としてテル

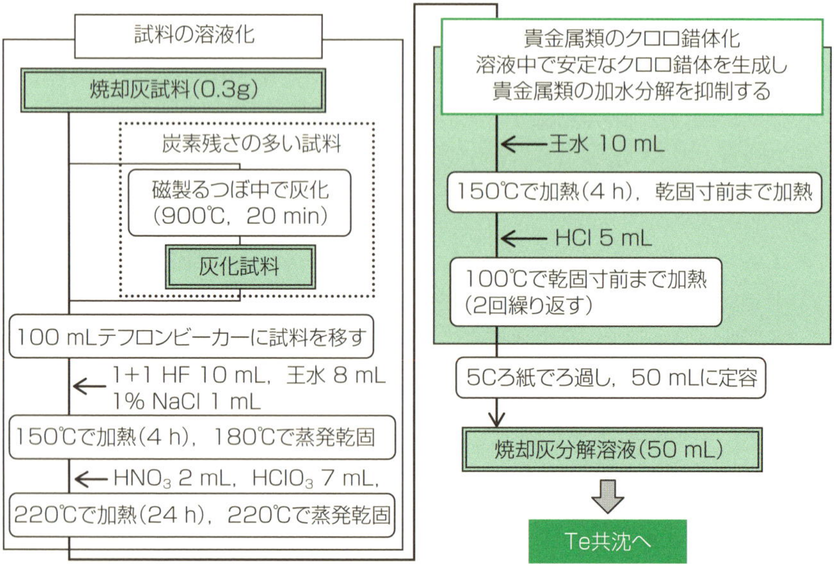

図7.12 Te共沈のための焼却灰試料の分解法

ル（Te）共沈に供する．Te 共沈の手順は**図 7.13** のとおりである．焼却灰分解溶液 40 mL をビーカーに分取し，共沈担体として Te（Te(IV)）を 1.5 mg と，還元剤として 4.6% $SnCl_2$ 溶液を 10 mL 添加する．この溶液を 150℃ で 90 分加熱し，Te(IV) を Te(0) に還元することで金属 Te を沈殿させて貴金属類を共沈させる．黒色沈殿をニトロセルロース製メンブランフィルターでろ過回収し，得られた沈殿をフィルターとともに王水で溶解したものをいったん乾固し，内標準元素（Cd，Tl）を 5 ng/mL 含む 2 倍希釈王水 5 mL で溶解したものを貴金属類濃縮液（8 倍濃縮液）として測定に供した．なお，この分析法の有効性は，CANMET（Canada Center for Mineral and Energy Technology）から頒布されている貴金属鉱石認証標準物質（WPR-1）の分析により確認している．

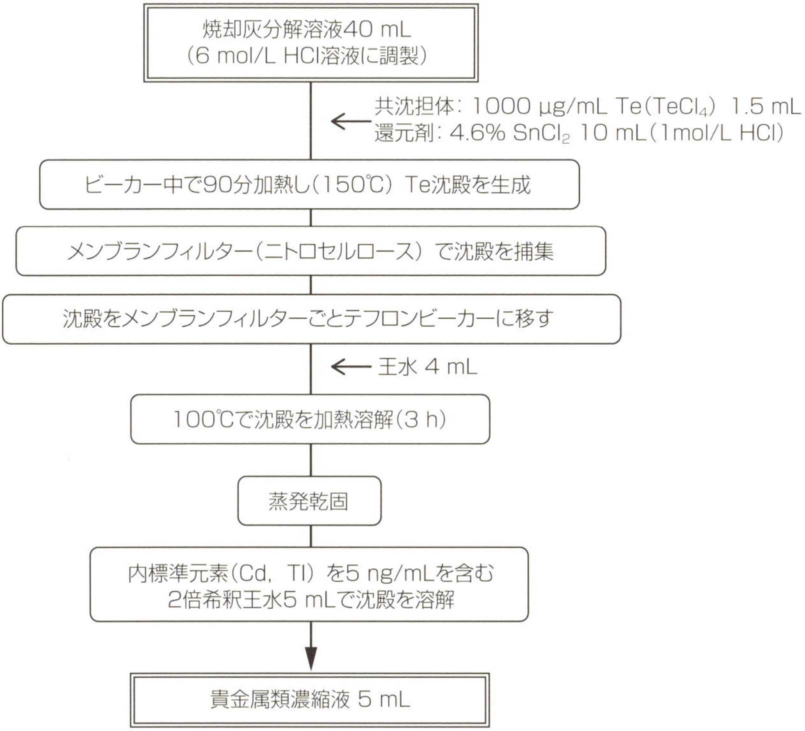
焼却灰分解溶液40 mL
（6 mol/L HCl溶液に調製）
共沈担体：1000 µg/mL Te(TeCl4) 1.5 mL
還元剤：4.6% SnCl2 10 mL（1mol/L HCl）
ビーカー中で90分加熱し（150℃）Te沈殿を生成
メンブランフィルター（ニトロセルロース）で沈殿を捕集
沈殿をメンブランフィルターごとテフロンビーカーに移す
王水 4 mL
100℃で沈殿を加熱溶解（3 h）
蒸発乾固
内標準元素（Cd，Tl）を5 ng/mLを含む
2倍希釈王水5 mLで沈殿を溶解
貴金属類濃縮液 5 mL

図 7.13 Te 共沈による貴金属類の濃縮手順

ICP-MSによる貴金属類元素の分析においては，特に酸化物イオン（たとえば $^{87}Sr^{16}O^+ \rightarrow {}^{103}Rh^+$，$^{89}Y^{16}O^+ \rightarrow {}^{105}Pd^+$，$^{177}Hf^{16}O^+ \rightarrow {}^{193}Ir^+$）による多原子イオン干渉が問題となる．テルル共沈は，これらのスペクトル干渉の原因物質を分離・除去するために非常に有効な前処理法である．また，テルル共沈により貴金属類を定量的に回収するためには，分解時に貴金属類の安定なクロロ錯体を生成することが非常に重要となるため，図7.12に示すような非常に煩雑な操作が必要となる．本法により得られた検出限界はRu，Rh，Pd，Ir，Pt，Auについて0.05，0.004，0.03，0.02，0.05，0.05 ng/gであり，焼却灰試料中サブng/gレベルの貴金属の定量が可能となった．**表7.14**にこの方法により得られた焼却灰中貴金属の定量結果をまとめた．表7.14には，参考として貴金属類の粗鋼品位と地殻中存在度も併せて示した．コールフライアッシュおよび都市ごみ焼却灰については，都市ごみ焼却灰中金を除いて地殻中存在度とほぼ同レベルであった．一方，産業廃棄物焼却灰中には貴金属類が地殻中存在度と比較して1桁から2桁以上高濃度に含まれていることがわかった．特に固体系焼却灰のパラジウム（Pd）濃度はその粗鋼品位レベルに匹敵するものであった．産業廃棄物焼却灰中元素の濃縮度は，その工業的利用度の高さを反映することから[18,19]，これらの結果は貴金属類元素の工業的利用度の高さを反映して

表7.14　焼却灰中貴金属類の分析結果

元素	焼却灰認証標準物質		産業廃棄物焼却灰						粗鋼品位*1	地殻中存在度	
	石炭飛灰	都市ごみ飛灰	廃油系焼却炉		固体系焼却炉		食品系焼却炉			Wedepohl*2	Lide*3
	JCFA-1	BCR 176	飛灰	残さ	飛灰	残さ	飛灰	残さ			
Ru	1.69	1.07	13.2	5.4	15.5	12.3	8.6	11.6	2,500	0.1	1
Rh	0.476	3.79	13.4	4.7	46.8	29.8	3.86	7.29	780	0.06	1
Pd	4.37	5.88	161	245	2,360	1,850	125	517	1,100	0.4	15
Ir	0.21	0.30	1.63	7.55	2.79	2.44	0.90	0.72	840	0.05	1
Pt	2.04	4.63	83.9	393	301	212	60.9	73.7	1,400	0.4	5
Au	3.89	66.7	70.7	54.0	254	129	89.4	195	1,100	2.5	4

*1　原田ら：日本金属学会誌，**65**，564（2001）．
*2　K. H. Wedepohl：*Geochim. Cosmochim. Acta*, **59**, 1217（1995）.
*3　"*Handbook of Chemistry and Physics*," ed by D. R. Lide, CRC Press, Florida（1998）.

いるものと考えられる．

参考文献

1）秋吉孝則：ぶんせき，570（2007）．

2）日本鉄鋼連盟編：『鉄鋼連盟標準化センターニュースレターズ』118（2007）．

3）南　秀明・西内滋典・門野純一郎・中原武利：分析化学，**54**，1107-1111（2005）．

4）濱口　博 他編，赤岩英夫 他著：『リン．分析化学便覧第3版』丸善（1981）．

5）中村　洋監修，小笠原正継著：『機械的な前処理．分析試料前処理ハンドブック』丸善（2003）．

6）森川　久，上蓑義則，飯田康夫，柘植　明，石塚紀夫：分析化学，**37**，pp.T 218-T 221（1988）．

7）森川　久，柘植　明，飯田康夫，上蓑義則，石塚紀夫：分析化学，**36**，pp.306-310（1987）．

8）横田文昭，清水彰子，石塚紀夫，森川　久：分析化学，**49**，pp.765-769（2000）．

9）石塚紀夫，上蓑義則，柘植　明：分析化学，**34**，487（1985）．

10）C. B. Belcher : *Talanta*, **10**, 75（1963）．

11）H. Freiser, Q. Fernando 著，藤永太一郎，関戸栄一 監訳：『イオン平衡』p.253，化学同人（1967）．

12）日本分析化学会編：『環境分析ガイドブック』丸善（2011）．

13）日本分析化学会編：『現場で役立つ環境分析の基礎』オーム社（2007）．

14）日本環境測定分析協会水質・土壌技術委員会：「土壌分析方法の溶出条件に関する検討」（2010）．

15）関本紋乃，堀江健作，松本友和，原口紘炁：分析化学，**51**，1075（2002）．

16）日本分析化学会関東支部編：『ICP 発光分析・ICP 質量分析の基礎と実際』オーム社（2008）．

17）E. Fujimori, K. Minamoto, H. Haraguchi : *Bull. Chem. Soc. Jpn*, **78**, 1963（2005）．

18）藤森英治，市川賢治，高田英之，浅井勝一，千葉光一，原口紘炁：環境科学会誌，**11**, 363（1998）．

19）E. Fujimori, K. Minamoto, S. Iwata, K. Chiba, H. Haraguchi : *J. Mater. Cycles Waste Manag.*, **6**, 73（2004）．

索　引

【数字】

【欧字】

【あ】

【か】

[著者紹介]

〈担当章順〉

千葉　光一（ちば　こういち，Chapter1，3）
1983年　東京大学大学院理学系研究科化学専攻博士課程修了
現　在　関西学院大学生命環境学部環境応用化学科　教授・理学博士
専　門　分析化学

沖野　晃俊（おきの　あきとし，Chapter2）
1994年　東京工業大学大学院理工学研究科原子核工学専攻博士後期課程修了
現　在　東京工業大学大学院総合理工学研究科創造エネルギー専攻　准教授・博士（工学）
専　門　新しい大気圧プラズマ装置の開発と分析・環境・医療分野への応用

宮原　秀一（みやはら　ひでかづ，Chapter2）
2005年　東京工業大学大学院総合理工学研究科創造エネルギー専攻博士後期課程修了
現　在　東京工業大学大学院総合理工学研究科創造エネルギー専攻　特任助教・博士（工学）
株式会社プラズマコンセプト東京代表取締役（兼務）
専　門　プラズマ理工学，分析化学，高周波工学，科学教育学

大橋　和夫（おおはし　かずお，Chapter4）
1973年　京都大学大学院農学研究科修士課程修了
2013年　逝去（旧所属：㈱パーキンエルマージャパン EH 分析事業部無機分析ビジネス部アプリケーションリサーチラボ）
専　門　ICP 発光分光分析装置を用いたアプリケーションの開発

成川　知弘（なるかわ　ともひろ，Chapter5）
1994年　日本大学大学院理工学研究科工業化学専攻博士前期課程修了
現　在　（独）産業技術総合研究所計量標準管理センター　計測標準研究部門　主任研究員・博士（理学）
専　門　分析化学

藤森　英治（ふじもり　えいじ，Chapter6，7）
1996年　名古屋大学大学院工学研究科応用化学専攻博士課程前期課程修了
現　在　環境省環境調査研修所　教官・博士（工学）
専　門　分析化学

野呂　純二（のろ　じゅんじ，Chapter7）
1988年　東京理科大学理学部第一部化学科卒業
現　在　㈱日産アークマテリアル解析部化学分析室無機分析チーム　主管・理学博士
専　門　無機分析，自動車用材料の分析

分析化学実技シリーズ
機器分析編 4
ICP 発光分析

Experts Series for Analytical Chemistry
Instrumentation Analysis : Vol.4
ICP Atomic Emission Spectrometry

2013 年 8 月 15 日 初版 1 刷発行
2022 年 4 月 25 日 初版 3 刷発行

検印廃止
NDC 433.5
ISBN 978-4-320-04398-5

編　集　（公社）日本分析化学会　©2013

発行者　南條光章

発行所　**共立出版株式会社**
〒112-0006
東京都文京区小日向 4 丁目 6 番地 19 号
電話（03）3947-2511番（代表）
振替口座 00110-2-57035
URL www.kyoritsu-pub.co.jp

印　刷
製　本　藤原印刷

一般社団法人
自然科学書協会
会員

Printed in Japan